高职高专院校创新课程系列规划教材

# 电子技术基础实训

主 编 郭占苗

副主编 陈 芳

电子工业出版社

**Publishing House of Electronics Industry**

北京·BEIJING

## 内 容 简 介

本书根据教学改革的要求，依据高职高专教育人才培养方案的需求进行设计编写，开发了基于职业素养培养的电子技术基础实训项目。本书共分 4 章，第 1 章为电子元器件的识别与检测，介绍电阻、电容、电感无源器件、半导体器件、集成器件、贴片器件及对器件判别与选用常识；第 2 章为常用电子仪器，介绍模拟万用表和数字万用表、数字示波器、函数/任意波形发生器及 LCR 数字电桥等多种仪器仪表；第 3 章为 Proteus 仿真实训，主要包括分压偏置电路仿真实训、低频功率放大器仿真实训和比例运算放大器仿真实训等；第 4 章为基本单元电路的安装与调试，主要包括焊接技术、直流电源、变音门铃、模拟"知了"电路、水位控制器和功放电路等。

本教材通俗易懂，具有很强的实用性。可作为高等院校电子电气类、汽车电子类、计算机类、航空电子类及相关专业的实训教材，也可作为从事电工、电子技术的相关工程技术人员的参考书。

**图书在版编目（CIP）数据**

电子技术基础实训 / 郭占苗主编. —北京：电子工业出版社，2017.8

ISBN 978-7-121-31650-0

Ⅰ. ①电… Ⅱ. ①郭… Ⅲ. ①电子技术—职业教育—教材 Ⅳ. ①TN

中国版本图书馆 CIP 数据核字（2017）第 122234 号

策划编辑：刘少轩
责任编辑：裴　杰
印　　刷：三河市华成印务有限公司
装　　订：三河市华成印务有限公司
出版发行：电子工业出版社
　　　　　北京市海淀区万寿路 173 信箱　邮编　100036
开　　本：787×1 092　1/16　印张：9.25　字数：236.8 千字
版　　次：2017 年 8 月第 1 版
印　　次：2017 年 8 月第 1 次印刷
定　　价：21.80 元

　　《电子技术基础实训》教学的目的是让学生在训练基地掌握本专业的主要技术、技能而进行的基础与创新训练，是培养应用型人才的重要环节，在培养学生分析问题和解决问题的能力方面，有着其他教学环节不可替代的作用。

　　根据教学改革的要求，依据高职高专教育人才培养方案的需求，开发了基于职业素养培养的电子实训教材，让学生在完成具体的实训项目过程中构建相关理论知识，这些实训项目虽然是学生在学校完成的，但与企业中工人的工作任务高度相似，有时甚至就是实际的工作任务，并将7S管理理念融入教学和考核中，特别有利于指导学生进行规范性操作，有利于其职业能力的培养。

　　本书共4章。第1章电子元器件的识别与检测，介绍电阻、电容、电感无源器件、半导体器件、集成器件、贴片器件及对器件判别与选用常识；第2章常用电子仪器介绍，具体介绍了模拟万用表和数字万用表、数字示波器、函数/任意波形发生器及LCR数字电桥等多种仪器仪表；第3章Proteus仿真实训，主要包括分压偏置电路仿真实训、低频功率放大器仿真实训和比例运算放大器仿真实训等；第4章基本单元电路的安装与调试，主要包括焊接技术、直流电源、变音门铃、模拟"知了"电路、水位控制器和功放电路等。

　　本教材通俗易懂，具有很强的实用性。可作为高等院校电子电气类、汽车电子类、计算机类、航空电子类及相关专业的实训教材，也可作为从事电工、电子技术的相关工程技术人员的参考书。参加本书编写的人员有郭占苗、葛宁、汪宏武、蔡卫刚、张玉莲和陈芳老师，并由郭占苗对全书进行统稿。

　　电子技术飞速发展，教学内容不断更新，由于编者的学识和时间有限，书中难免有缺点和疏漏之处，恳请读者批评指正。

编　者

目 录

CONTENTS

# 第1章

# 电子元器件的识别与检测

电子元器件一般是指电阻器、电容器、电感器、变压器、晶体二极管、晶体三极管和集成电路等。下面将学习这些元器件的用途、主要性能参数、规格型号及检查这些元器件质量好坏的基本知识。

## 1.1 电阻器与电位器

| 【学习导航】 | 本节知识内容主要使学生能识别，并且会使用普通电阻器、电位器和一些常见的特殊电阻器，并掌握其测量方法。 |
| --- | --- |

电阻器是电子产品中使用得最多且必不可少的一种元件，它在电路中具有分流、分压、阻抗匹配等作用。电位器实质上是一类阻值可改变的电阻器，在电路中调节它可以得到一个可变的阻值。本节中主要使学生能识别、会使用普通电阻器、电位器和一些常见的特殊电阻器，并掌握其测量方法。

### 1.1.1 电阻器

**1．电阻器的作用**

电荷在物体里运动会受到一定的阻力，这种阻力称为电阻，具有一定阻值的元件称为电阻器。它是电子产品中用得最多的电子元器件之一，在电路中主要起分压、分流、限流、偏置的作用。另外，还可以与其他元件配合，组成耦合、滤波、反馈、补偿等各种不同功能的电路。

**2．电阻器的分类**

（1）阻值特性：固定电阻器、可变电阻器和敏感电阻，如图 1-1 所示。
（2）材料：金属氧化膜电阻、碳膜电阻、线绕电阻等。

（3）用途：精密电阻、高频电阻等。

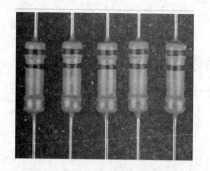

（a）碳膜电阻

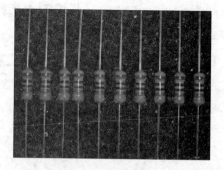

（b）金属膜电阻

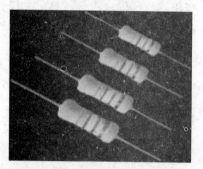

（c）金属氧化膜电阻

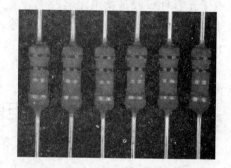

（d）保险丝电阻

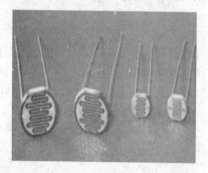

（e）光敏电阻

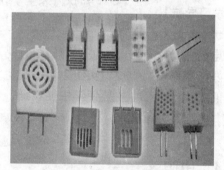

（f）湿敏电阻

（g）热敏电阻

（h）压敏电阻

图 1-1　常见电阻实物图

### 3．电阻器与电位器的符号

电阻器、电位器符号如图 1-2 所示。

(a) 普通电阻　　(b) 热敏电阻　　(b) 压敏电阻

(d) 光敏电阻　　(e) 可变电阻　　(f) 电位器

图 1-2　电阻器、电位器符号

### 4．电阻器和电位器型号命名

电阻器和电位器型号命名如表 1-1 所示。

表 1-1　电阻器和电位器型号命名

| 第一部分：主称 | | 第二部分：材料 | | 第三部分：特征分类 | | | 第四部分：序号 |
|---|---|---|---|---|---|---|---|
| 符号 | 意义 | 符号 | 意义 | 符号 | 意义 | | |
| | | | | | 电阻器 | 电位器 | |
| R | 电阻器 | T | 碳膜 | 1 | 普通 | 普通 | |
| W | 电位器 | H | 合成膜 | 2 | 普通 | 普通 | |
| | | S | 有机实心 | 3 | 超高频 | | |
| | | N | 无机实心 | 4 | 高阻 | | |
| | | J | 金属膜 | 5 | 高温 | | |
| | | Y | 氧化膜 | 6 | | | |
| | | C | 沉积膜 | 7 | 精密 | 精密 | 对主称、材料相同，仅性能指标、尺寸大小有差别，但基本不影响互换使用的产品，给予同一序号；若性能指标、尺寸大小明显影响互换时，则在序号后面用大写字母作为区别代号 |
| | | I | 玻璃釉膜 | 8 | 高压 | 特殊函数 | |
| | | P | 硼碳膜 | 9 | 特殊 | 特殊 | |
| | | U | 硅碳膜 | G | 高功率 | | |
| | | X | 线绕 | T | 可调 | | |
| | | M | 压敏 | W | | 微调 | |
| | | G | 光敏 | D | | 多圈 | |
| | | R | 热敏 | B | 温度补偿用 | | |
| | | | | C | 温度测量用 | | |
| | | | | P | 旁热式 | | |
| | | | | W | 稳压式 | | |
| | | | | Z | 正温度系数 | | |

电阻器、电位器的命名如图 1-3 所示。

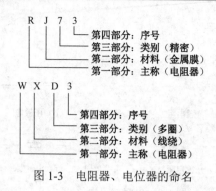

图 1-3　电阻器、电位器的命名

## 1.1.2　电阻器的主要参数

电阻器的主要参数有标称阻值、阻值误差、额定功率、最高工作温度、最高工作电压、静噪声电动势、温度特性、高频特性等。

### 1. 标称阻值

电阻器的标称阻值是国家规定出一系列的阻值作为产品的标准，这就是电阻器的标称阻值，表 1-2 所示为电阻标称阻值系列。

表 1-2　标称阻值系列

| 阻 值 系 列 | 允 许 误 差 | 偏 差 等 级 | 电阻标称值 |
|---|---|---|---|
| E24 | ±5% | I | 1.0　1.1　1.2　1.3　1.5　1.6　1.8　2.0　2.2　2.4　2.7　3.0<br>3.3　3.6　3.9　4.3　4.7　5.1　5.6　6.2　6.8　7.5　8.2　9.1 |
| E12 | ±10% | II | 1.0　1.2　1.5　1.8　2.2　2.7　3.3　3.9　4.7　5.6　6.8　8.2 |
| E6 | ±20% | III | 1.0　1.5　2.2　3.3　4.7　6.8 |

使用时，将表中的数值乘以 $10^n$（$n$ 为整数）就可以成为这一阻值系列，如 E24 系列中的 1.5 就有 1.5Ω、15Ω、150Ω、1.5kΩ、150kΩ 等。

电阻单位：Ω、kΩ、MΩ、GΩ、TΩ，其中，1kΩ=1000Ω，1MΩ=1000kΩ，1GΩ=1000MΩ，1TΩ=1000 GΩ。

标称阻值的表示方法有直标法、文字符号法、数码表示法和色标法。

（1）直标法：在电阻器表面用数字、单位符号和百分数直接标出电阻器的阻值和允许误差。优点是直观，一目了然。例如，RJ7-0.125-5k1-Ⅱ 表示精密金属膜电阻器，额定功率为 1/8W，标称阻值为 5.1kΩ，允许误差为 ±10%。

（2）文字符号法：用数字和单位符号两者按照一定的规律组合起来表示阻值，允许误差也用文字符号表示。具体规定是，单位符号 Ω（或 kΩ、MΩ）前面的数字表示整数阻值，单位符号 Ω（或 kΩ、MΩ）后面的数字表示第一位小数阻值，如 5K1 表示 5.1kΩ，5Ω1 表示 5.1Ω，4M7 表示 4.7MΩ，或者用 R 表示（R 表示 0.）。优点是用单位符号代替了小数点，可避免因小数点蹭掉而误识标记，如 R22=0.22Ω，17R8=17.8Ω。

（3）数码表示法：主要用于贴片等小体积的电路，在三位数中，从左至右第一、二位数表示有效数字，第三位表示 10 的倍幂，单位是 Ω，如 472 表示 $47 \times 10^2 \Omega$（即 4.7kΩ），104 则表示 100kΩ，122=1200Ω=1.2kΩ。这种表示方法常用于排阻、贴片电阻和电位器，若阻值小于 10Ω 时，贴片电阻以 R 代表 Ω，如 2R2 表示 2.2Ω，5R6 表示 5.6Ω，R22 表示 0.22Ω 等。

【**注意**】若最后一位数字为 9 时，则表示 $10^{-1}$。

排阻是由若干个参数完全相同的电阻组成的。通孔式排阻的一个引脚连接到一起，作为公共端，其余引脚正常引出。一般来说，最左边的那个是公共端，在排阻上用一个色点标出来，如图 1-4 所示。读作："A103J" 的排阻阻值为 10kΩ；"R153" 的排阻阻值为 15kΩ。

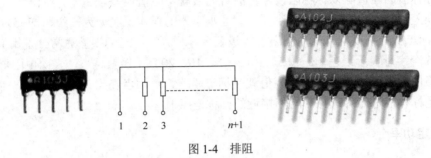

图 1-4　排阻

（4）色标法：用不同颜色的色环表示电阻器的阻值和误差。

电阻器上有三道或四道色环、五道色环，以四道色环为例，如图 1-5 所示，靠近电阻器端头的为第一道色环，其余的顺次为第二、三、四道色环。第四道色环表示误差，如果没有，其误差为±20%色环所代表的意义。五色环电阻，前三环为有效数字，第四环表示倍率，第五环表示误差。颜色代表的意义如表 1-3 所示，色环代表的意义如图 1-5 所示。

表 1-3　色环表

| 颜　色 | 第一位有效值 | 第二位有效值 | 倍　率 | 允许偏差 |
| --- | --- | --- | --- | --- |
| 黑 | 0 | 0 | $10^0$ | |
| 棕 | 1 | 1 | $10^1$ | F±1% |
| 红 | 2 | 2 | $10^2$ | G±2% |
| 橙 | 3 | 3 | $10^3$ | |
| 黄 | 4 | 4 | $10^4$ | |
| 绿 | 5 | 5 | $10^5$ | D±0.5% |
| 蓝 | 6 | 6 | $10^6$ | C±0.2% |
| 紫 | 7 | 7 | $10^7$ | B±0.1% |
| 灰 | 8 | 8 | $10^8$ | |
| 白 | 9 | 9 | $10^9$ | |
| 金 | | | $10^{-1}$ | J±5% |
| 银 | | | $10^{-2}$ | K±10% |
| 无色 | | | | M±20% |

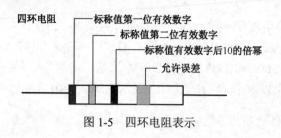

图1-5　四环电阻表示

### 2．允许误差

电阻的实际阻值不可能做到与它的标称值完全一样，两者之间总是存在一定的偏差的。实际值与标称值的差值除以标称阻值所得的百分数就是阻值误差。

对于误差，国家也规定出一个系列。普通电阻器的误差一般分为三级，即±5%、±10%、±20%，在标志上分别以Ⅰ、Ⅱ、Ⅲ误差等级表示。另外，电阻的误差通常分别用D、F、G、J、K、M 6个字母表示误差±%（0.5、1、2、5、10、20），误差越小，表明电阻器的精度越高。在电路图中电阻器旁边所标的阻值就是标称阻值，使用者在设计电路时计算得出的电阻器阻值不是标称值时，可选择和它相接近的标称电阻值。

### 3．额定功率

当电流通过电阻时，要消耗一定的功率，这部分功率变成热量使电阻温度升高，为保证电阻正常使用而不被烧坏，它所承受的功率不能超过规定的限度，这个最大的限度就称为电阻的额定功率。

一般可分为1/8W、1/4W、1/2W、1W、2W、5W、10W 等。额定功率大的电阻器体积就大，在一般半导体收音机或功放等电流较小的电路中，电阻的额定功率一般只需1/4W 或1/8W 就可以了。不同功率电阻器的符号如图1-6所示，标称功率大于10W 的电阻器，一般在图形符号上直接用数字标记出来。

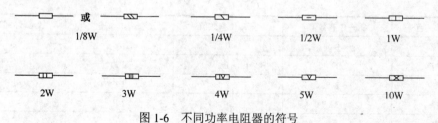

图1-6　不同功率电阻器的符号

## 1.1.3　电位器

电位器的主要用途是在电路中作分压器或变阻器，用作电压、电流的调节。在收音机中作声量、音调控制，在电视机中用作音量、亮度、对比度控制等。

### 1．电位器的分类

电位器的种类繁多，其外形实物图如图1-7所示。

图 1-7　电位器实物图

（1）按电阻体所用材料不同可分为碳膜电位器、金属膜电位器、线绕电位器、有机实芯电位器、碳质实芯电位器等。

（2）按结构不同可分为单联、双联、多联电位器，带开关的电位器，锁紧和非锁紧型电位器等。

（3）按调节方式可分为旋转式和直滑式电位器等。

### 2．电位器的主要参数

表征电位器性能的主要参数有标称阻值与允许偏差、额定功率、滑动噪声、分辨力和机械零电阻，以及阻值变化规律。

（1）标称值与允许误差。电位器的标称阻值一般采用直标法和数码表示法，与电阻一样，实测阻值与标称值误差范围根据不同精度等级可允许为±20%、±10%、±5%、±2%和±1%。

（2）额定功率。额定功率是指电位器上两个固定端允许耗散的最大功率，线绕电位器系列（W）为 0.25、0.5、1、2、3、5、10、16、25、40、63、100，非线绕功率为（W）0.025、0.05、0.1、0.25、0.5、1、2、3 等。

（3）滑动噪声。滑动噪声是指当电刷在电阻体上滑动时，电位器中心端与固定端的电压出现无规则的起伏现象。

（4）分辨力和机械零电阻

分辨力是指电位器对输出量可实现的最精细的调节能力，线绕式较好；机械零电阻是指机械零位时电位器两端的电阻，实际由于接触电阻和引出端的影响，电阻一般不为零。

（5）阻值变化规律。电位器在旋转时，其相应阻值依旋转角度而变化，为了适应各种不同的用途，电位器阻值变化规律也不同，常用的阻值变化规律有 3 种，即直线式（X）、指数式（Z）、对数式（D），如图 1-8 所示。此外，根据不同需要还可以制成按其他函数规律变化的电位器，如正弦、余弦等。

X 型为直线式，阻值按旋转角度均匀变化，适合于分压、单调等方面调节作用；Z 型为指数式，阻值按旋转角依指数关系变化，普遍用在音量控制电路中，如收音机、录音机、电视机中的音量控制器，因为人的听觉对声音的强弱是依指数关系变化的，若调制音量随电阻阻值指数变化，这样人耳听到的声音就感觉平稳舒适；D 型为对数式，阻值按旋转角度依对数关系变化，这种形式电位器多用在仪表当中，也适用于音调控制电路。

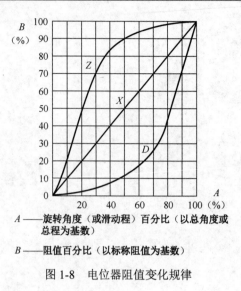

$A$ —— 旋转角度（或滑动程）百分比（以总角度或总程为基数）

$B$ —— 阻值百分比（以标称阻值为基数）

图 1-8　电位器阻值变化规律

## 实训 1　电阻器和电位器的识别与检测

### 1．实训目标

（1）能识别常用电阻器、电位器型号和参数。

（2）会用万用表对元器件进行质量检测。

### 2．实训器材

E24 系列色环电阻器、热敏电阻、光敏电阻、旋转电位器、直滑电位器、多圈电位器各 10 只，万用表 1 块。

### 3．实训内容

1）电阻器

电阻在使用前要进行检查，检查其性能好坏就是测量实际阻值与标称值是否相符，误差是否在允许范围之内，对测量电阻而言，在允许范围之内就是好的，否则就是坏的。方法就是用万用表的电阻挡进行测量，下面介绍用模拟表和数字表进行测量的方法。

（1）模拟表测量方法。

① 挡位选择：一般 100Ω 以下电阻器可选 R×1 挡，100Ω～1kΩ 的电阻器可选 R×10 挡，1k～10kΩ 电阻器可选 R×100 挡；10k～100kΩ 的电阻器可选 R×1k 挡，100k 欧姆以上的电阻器可选 R×10k 挡。

② 调零：确定电阻挡量程后，要进行调零，方法是两表笔短路（直接相碰），调节"调零"，使模拟表指针归零，即使指针准确地指在 Ω 刻度线的"0"上，如果不在 0 位置，调整调零旋钮表针指向电阻刻度的 0 位置，否则再进行机械调零，然后再测电阻的阻值。

③ 读数：读出来的数值乘以量程即为实际测量值。

（2）数字万用表测量方法。

① 挡位选择：选择能够测试阻值的最小挡位，可以保证测试结果的准确性，一般 200Ω 以下电阻器可选 200 挡；200Ω～2kΩ 电阻器可选 2k 挡；2k～20kΩ 可选 20k 挡；20k～200kΩ 的电阻器可选 20k 挡；200k～2MΩ 的电阻器选择 2MΩ 挡；2M～20MΩ 的电阻器选择 20M 挡；20MΩ 以上的电阻器选择 200M 挡。

② 数字表读数：数字表上显示的值要以挡位的单位为单位读出数值即为实际测量值。

（3）特殊电阻器的检测。

① 热敏电阻器的检测。在常温下用万用表 R×1kΩ 挡测量其电阻器的阻值，它的阻值应很小。保持表笔不动，然后将加热的电烙铁靠近热敏电阻。如果是正温度系数的热敏电阻，它的阻值应随电阻温度升高而升高；如果是负温度系数的热敏电阻，它的阻值应随电阻温度升高而降低。若它的阻值不随温度的升高而发生变化，则该热敏电阻已损坏。

② 光敏电阻器的检测。入射光越强，电阻值就越小；入射光越弱，电阻值就越大。

【注意】第一，人手不要触碰电阻两端或接触表笔的金属部分，否则会引起测试误差；第二，不测试在路电阻；第三，要根据被测电阻阻值确定量程，使指针指示在刻度线的中间一段，这样使测试更加准确，且便于观察（模拟表）。

2）电位器

（1）用适当的欧姆挡测量两固定端的总电阻，查看是否在标称值范围。

（2）将表笔接一固定端与任一滑动端，反复慢慢地旋动电位器轴，查看阻值是否均匀变化。如果有变化不连续则接触不良，为不合格。

（3）测量各端子与外壳及旋转轴之间的绝缘电阻值，查看其绝缘电阻是否足够大。

（4）读法可参考电阻器测试读数方法。

### 4．实训评价

| 评价内容 | 要　　求 | | | | | 配分 | 评分 |
|---|---|---|---|---|---|---|---|
| 纪律 | 不迟到，不早退，不旷课，不高声喧哗，不说粗话脏话 | | | | | 5 分 | |
| 文明 | 各种型号电阻器、电位器摆放整齐，不损坏元器件，不乱丢杂物，保持实训场地整洁 | | | | | 10 分 | |
| 安全 | 元器件无人为破坏，仪器仪表无人为损坏 | | | | | 10 分 | |
| 技能 | 电阻器 | 标称值 | 实测值 | 允许偏差 | 性能 | 75 分 | |
| | | | | | | | |
| | | | | | | | |
| | | | | | | | |
| | 电位器 | 标称值 | 实测值 | 动片与定片间变化情况 | 性能 | | |
| | | | | | | | |
| | | | | | | | |
| | | | | | | | |

# 1.2 电 容 器

**【学习导航】** 本节知识内容主要使学生能识别并且会使用普通电容器和一些常见的特殊电阻器，并掌握其测量方法。

电容器是一种能储存和释放电能的元件，由两金属板中间加绝缘材料组成，它是一种储能元件，可在介质两边储存一定量的电荷；电容的特性主要是通交流隔直流，通低频阻高频，广泛应用于电路中的隔直通交、耦合、旁路、滤波、调谐回路、能量转换、控制等方面。

## 1.2.1 常见电容器

### 1. 电容器的分类

（1）结构：固定电容器、可变电容器和微调电容器。

（2）电解质：有机介质电容器、无机介质电容器、电解电容器、电热电容器和空气介质电容器等。

（3）用途：高频旁路、低频旁路、滤波、调谐、高频耦合、低频耦合、小型电容器。

（4）制造材料的不同：瓷介电容、涤纶电容、电解电容、钽电容和聚丙烯电容等。

（5）极性：有极性（阳极材料分为铝电解、钽电解、铌电解、钛电解）和无极性。

### 2. 常见电容器的符号及命名

（1）常见电容器符号如图 1-9 所示。

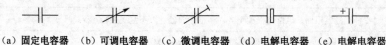

(a) 固定电容器　(b) 可调电容器　(c) 微调电容器　(d) 电解电容器　(e) 电解电容器

图 1-9　电容符号

（2）国产电容器命名。国产电容器的型号一般由四部分组成（不适用于压敏、可变、真空电容器）。依次分别代表名称、材料、分类和序号。

第一部分：名称，用字母表示。其中，C 表示电容器。

第二部分：材料，用字母表示。其中，A 表示钽电解；B 表示聚苯乙烯等非极性薄膜；C 表示高频陶瓷；D 表示铝电解；E 表示其他材料电解；G 表示合金电解；H 表示复合介质；I 表示玻璃釉；J 表示金属化纸；L 表示涤纶等极性有机薄膜；N 表示铌电解；O 表示玻璃膜；Q 表示漆膜；T 表示低频陶瓷；V 表示云母纸；Y 表示云母；Z 表示纸介。

第三部分：特征分类，一般用数字表示，个别用字母表示。

第四部分：序号，用数字表示。

### 3. 常见电容器

（1）高频瓷介（CC）。以陶瓷作介质，电容量为 1～6800pF；额定电压为 63～500V；主要特点是高频损耗小，稳定性好；其应用于高频电路。

（2）低频瓷介电容（CT）。电容量为 10pF～4.7μF；额定电压为 50～100V；主要特点是体积小，价廉，损耗大，稳定性差；应用于要求不高的低频电路。

（3）聚酯（涤纶）电容（CL）。电容量为 40pF～4μF；额定电压为 63～630V；主要特点是体积小，容量大，耐热耐湿，稳定性差；应用于对稳定性和损耗要求不高的低频电路。

（4）聚苯乙烯电容（CB）。电容量为 10pF～4μF；额定电压为 100V～30kV；主要特点是稳定，低损耗，体积较大；应用于对稳定性和损耗要求较高的电路。

（5）聚丙烯电容（CBB）。电容量为 1000pF～10μF；额定电压为 63～2000V；主要特点是性能与聚苯乙烯电容相似，但体积小，稳定性略差；代替大部分聚苯或云母电容使用，用于要求较高的电路。

（6）云母电容（CY）。电容量为 10pF～0.1μF；额定电压为 100V～7kV；主要特点是高稳定性，高可靠性，温度系数小；应用于高频振荡、脉冲等要求较高的电路。

（7）玻璃釉电容（CI）。电容量为 10pF～0.1μF；额定电压为 63～400V；主要特点是稳定性较好，损耗小，耐高温（200℃）；应用于脉冲、耦合、旁路等电路。

（8）铝电解电容。电容量为 0.47μF～10000μF；额定电压为 6.3～450V；主要特点是体积小，容量大，损耗大，漏电大；应用于电源滤波，低频耦合，去耦，旁路等。

（9）钽电解电容（CA）、铌电解电容（CN）。电容量为 0.1μF～1000μF；额定电压为 6.3～125V；主要特点是损耗、漏电小于铝电解电容；应用于在要求高的电路中代替铝电解电容。

（10）独石电容。独石又称多层瓷介电容，分两种类型，一种是 I 型，性能较好，但容量小，一般小于 0.2μF，另一种是 II 型，容量大，但性能一般；电容量为 0.5pF～1μF；主要特点是电容量大、体积小、可靠性高、电容量稳定，耐高温耐湿性好等；二倍额定电压；广泛应用于电子精密仪器，各种小型电子设备作谐振、耦合、滤波、旁路；缺点是温度系数很高。

（11）空气介质可变电容器。可变电容量为 100pF～1500pF；主要特点是损耗小，效率高，可根据要求制成直线式、直线波长式、直线频率式及对数式等；应用于电子仪器、广播电视设备等。

（12）薄膜介质可变电容器。可变电容量为 15pF～550pF；主要特点是体积小，重量轻，损耗比空气介质的大；应用于通信、广播接收机等。

（13）薄膜介质微调电容器。可变电容量为 1pF～29pF；主要特点是损耗较大，体积小；应用于收录机、电子仪器等电路作电路补偿。

（14）陶瓷介质微调电容器。可变电容量为 0.3pF～22pF；主要特点是损耗较小，体积较小；应用于精密调谐的高频振荡回路。常见电容器外形图如图 1-10 所示。

（a）低频瓷介电容

（b）高频瓷介电容

（c）涤纶电容

（d）聚苯乙烯电容

（e）聚丙乙烯（CBB）电容

（f）云母电容

（g）铝电解电容

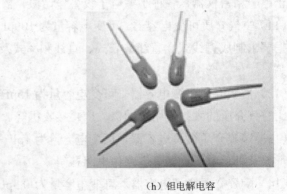

（h）钽电解电容

图1-10　常见电容器实物图

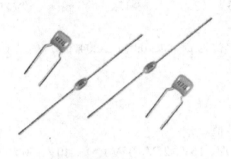

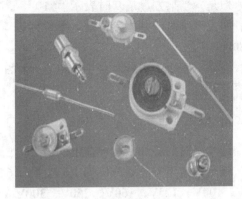

（i）独石电容　　　　　　　　　　　　　　　　　（j）微调电容

（k）贴片电容　　　　　　　　　　　　　　　（l）单列直插网络电容

图 1-10　常见电容器实物图（续）

## 1.2.2　电容器主要参数

### 1. 电容器的标称容量和允许误差

（1）标称容量。其存储电荷的本领，单位为 F，还有毫法（mF）、微法（μF）、纳法（nF）和皮法（pF）

$$1F=10^{3}mF=10^{6}\mu F=10^{9}nF=10^{12}\,pF$$

（2）允许误差。普通电容：±5%（Ⅰ，J）、±10%（Ⅱ，K）、±20%（Ⅲ，M）；

精密电容：±2%（G）、±1%（F）、±0.5%（D）、±0.25%（C）、±0.1%（B）、±0.05%（W）。

（3）标称值标志方法。

① 直标法。将容量直接标在上面，如 0.047μF、470pF±10%、160V。

② 文字符号法。将容量的整数部分写在容量单位标志符号的前面，小数部分写在后面，如 4n7（4.7nF）、1P5（1.5 pF）、6 n 8（6800 pF）、4μ7（4.7μF）、1m5（1500μF）。

③ 数码法。用三位数表示容量的大小，前两位是有效数字，第三位是乘方数，单位为

pF，但是，当乘方数是 9 时表示"$\times 10^{-1}$"，如 $103=10\times 10^{3}pF$、$109=10\times 10^{-1}pF$；如果是一、二或者四位数字时，则直接读数，单位为 pF，如"3"（3 pF）、"47"（47 pF）、"6800"（6800pF）。

有效数字小于 1 或者是电解电容上标注时，单位为 μF，如 0.047（0.047μF）、47（电解电容 47μF）。

### 2. 额定电压

连续长时间施加在电容器上的最大电压的有效值。

常用固定电容的耐压值为 1.6V、4V、6.3V、10V、16V、25V、32V（*）、40V、50V（*）、63V、100V、125V、160V、250V、300V（*）、400V、450V（*）、500V、630V、1000V 等，其中（*）只用于电解电容。

### 3. 绝缘电阻及漏电流

由于电容器中的介质是非理想绝缘体，因此都存在漏电流。

## 实训 2　电容器的识别与检测

### 1. 实训目标

（1）能识别常用电容器型号和参数。
（2）会用万用表、数字电桥对元器件进行质量检测。

### 2. 实训器材

色码电容器、电解电容器、云母电容器、瓷介电容器、涤纶电容器、可变电容器各 10 只，万用表 1 块，数字电桥 1 台。

### 3. 实训内容

电容器的常见故障有开路、短路、漏电等，常用的电容器检测仪器有电容测试仪、数字电桥、Q 表（谐振法）和万用表，电容器在使用之前一定要认真检查，下面介绍利用万用表对电容器进行简单测试的方法。

1）电解电容测试

（1）测试电容的漏电电流。将万用表置于 R×1kΩ 或 R×100Ω 挡，用黑表笔接电容器的正极，红表笔接电容器的负极。此时，表针迅速向右摆，然后慢慢退回，待不动时，指针的电阻值越大表示漏电电流越小；指针摆动范围大，说明电容器电容量大；若指针摆动至零附近不返回，说明该电容器已击穿；若指针不摆动，则说明该电容器已开路，失效。

（2）判断电容器的正负引脚。一般直观方法是，长引脚是正极，短的是负极；对于一些耐压较低的电解电容器，如果正负引脚标示不清时，可以通过正接时漏电流小（电阻大）、反接时漏电流大特性判断。方法为：正反两次接触电容器的两引脚，以漏电流小的（电阻大）

为标准进行判断，黑表笔接的是电容器正极。

2）非电解电容器测试

根据电容器的容量大小，选用欧姆挡的 R×10kΩ 或 R×1kΩ 挡。用万用表表笔接触电容器的两极，对于 5000pF 以上的电容器，此时表针应向顺时针方向跳动，然后逐步恢复至原状，即 R=∞；对于 5000pF 以下的小容量电容器，表针应处于 R=∞ 位置不动。若测量时表针不能恢复到 R=∞ 位置，则表明该电容器漏电，表针顺时针偏离 R=∞ 的位置越远，电容漏电越严重，若测得电阻很小甚至为零说明电容器已短路。

3）可变电容器和微调电容器的检测

用万用表的 R×10kΩ 挡测量动片引脚与定片引脚之间的电阻，应呈开路特征，即旋转轴柄指针不摆动；如果指针摆动，说明动片、定片之间有短路（碰片处），可能是灰尘或介质（薄膜）损坏，当介质损坏时，应更换新件。

【注意】判别时不能用手并接于被测电容器的两端，否则会因人体电阻影响判别结果。

### 4．实训评价

| 评价内容 | 要　　求 | | | | | 配分 | 评分 |
|---|---|---|---|---|---|---|---|
| 纪律 | 不迟到，不早退，不旷课，不高声喧哗，不说粗话脏话 | | | | | 5 分 | |
| 文明 | 各种型号电容器摆放整齐，不损坏元器件，<br>不乱丢杂物，保持实训场地整洁 | | | | | 10 分 | |
| 安全 | 元器件无人为破坏，仪器仪表无人为损坏 | | | | | 10 分 | |
| 技能 | 电容器 | 型号 | 标称值 | 耐压 | 允许误差 | 性能 | 75 分 |
| | | | | | | | |
| | | | | | | | |
| | | | | | | | |
| | | | | | | | |
| | | | | | | | |

# 1.3　电感器、变压器与继电器

【学习导航】　本节知识内容主要使学生能识别并且会使用普通电感器、变压器和继电器，并掌握其测量方法。

电感元件是一种储能元件，电感元件的原始模型为导线绕成的圆柱线圈，当线圈中通以电流 $i$ 时，在线圈中就会产生磁通量 $\Phi$，并储存能量，电感元件是指电感器（电感线圈）和各种变压器。电感在电路中"阻交通直"，传送信号，用于扼流滤波和滤除高频杂波等，能实现调谐、振荡、耦合、陷波、偏转、聚焦、延时补偿、电压变换、电流变换和阻抗变换等功能；变压器是利用电磁感应的原理来改变交流电压的装置，主要构件是初级线圈、次级线圈和铁芯（磁芯）；继电器是一种电控制器件，当输入量（激励量）的变化达到规定要求时，在电气输出电路中使被控量发生预定的阶跃变化的一种电器，它具有控制系统（又称输入回路）和被控制系统（又称输出回路）之间的互动关系，通常应用于自动化的控制电路中，它实际上是用小电流去控制大电流运作的一种"自动开关"，因此在电路中起着自动调节、安全保护、转换电路等作用。

## 1.3.1 电感器

### 1. 电感的分类

（1）电感的形式：固定、可变。

（2）导磁的性质：空心线圈、铁氧体、铁芯、铜芯等。

（3）工作性质：天线线圈、振荡线圈、扼流线圈、偏转线圈等；

（4）绕线结构：单层线圈、多层线圈、蜂房式线圈等。

电感符号和常见电感实物图如图 1-11 所示。

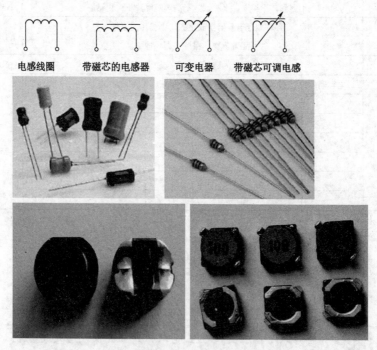

电感线圈　　带磁芯的电感器　　可变电器　　带磁芯可调电感

图 1-11　电感符号和常见电感实物图

### 2. 电感的型号命名

电感线圈的命名方法由四部分组成。

第一部分：主称，用字母表示。其中，L 表示线圈；ZL 表示高频扼流线圈。

第二部分：特征，用字母表示。其中，G 表示高频。

第三部分：形式，用字母表示。其中，X 表示小型。

第四部分：区别代号，用字母表示。

【**注意**】各厂家对固定电感器产品型号的命名方法并不统一，使用者需要时可查阅相关资料或向厂家咨询。

### 3．电感的主要性能参数

电感的主要参数有电感量、品质因数、分布电容、额定电流和允许误差等。

（1）电感量。电感量也称自感系数，是表示电感器产生自感应能力的一个物理量。电感 $L$ 为

$$L=\mu n^2 V$$

式中：$\mu$ 为磁导数；$V$ 为体积；$n$ 为匝数。电感量常用单位为 H（亨），其中，$1\text{H}=10^3\text{mH}=10^6\mu\text{H}$。

（2）品质因数（$Q$）。品质因数是电感线圈无功伏安值与消耗能量值的比值。

$$Q=\omega L/R$$

式中：$\omega$ 为工作角频率；$L$ 为线圈电感；$R$ 为线圈串联损耗电阻；$Q$ 值高表示电感器的损耗功率小，效率高，通常为 50～300。

（3）分布电容。分布电容指电感线圈的匝与匝之间、线圈与地之间存在的寄生电容，分布电容使线圈的 Q 值减小，稳定性变差，所以它越小越好。减小分布电容的方法有：减小线圈骨架的直径，用细导线绕制线圈；采用间接法、蜂房绕制线圈。

（4）额定电流。额定电流指电感长期工作不损坏所允许通过的最大电流。

（5）允许误差。误差分为 I 、 II 、 III 级，分别是±5%、±10%、±20%。固定电感最大工作电流有 50μA、150μA、300μA、700μA、1600μA，5 挡分别用字母 A、B、C、D、E 表示。

### 4．电感的标识方法

（1）直标法。将数字直接打印在电感体上。

（2）数码法。用三位数来表示电感量的大小，前两位数表示有效数，第三位表示乘 $10^n$，默认单位为 μH。

（3）色环法。用不同颜色的色环表示电感的阻值和误差。电感上有三道或四道色环，靠近电感端头的为第一道色环，其余的顺次为第二、三、四道色环。第四道色环表示误差，如果没有，其误差为±20%，色环法单位为 μH，色环所代表的意义如表 1-3 所示。立式的常采用色点法。

## 1.3.2　变压器

### 1．变压器的分类

（1）按工作频率可以分为低频变压器、中频变压器和高频变压器。

① 低频变压器，可分为音频变压器（20Hz～20KHz）和电源变压器（50Hz），用来传

送信号电压和信号功率，还可以实现电路之间的阻抗匹配，对直流电具有隔离作用，主要有输入/输出变压器（使末级功放的输出阻抗与扬声器音圈阻抗匹配）；电源变压器（主要升压或降压），有 C 形、E 形和环形。

② 中频变压器（中周），属于可调磁芯变压器，由屏蔽罩、磁帽、"工"字形磁芯、尼龙支架组成。用于收音机或电视机的中频放大电路中；它不仅具有普通变压器变换电压、阻抗的特性，还具有谐振于某一特定频率（465kHz）的特性（选频作用），通过调节磁芯，改变线圈的电感量，即可改变中频信号的灵敏度、选择性及通频带。

③ 高频变压器，一般在收音机作天线线圈和电视机中作天线的阻抗变换器。

（2）按用途可以分为电源变压器、音频变压器、中频变压器、高频变压器、脉冲变压器、恒压变压器、耦合变压器、自耦变压器、隔离变压器等多种。

（3）按铁芯（或磁芯）形状可以分为 E 形变压器、C 形变压器和环形变压器。常见变压器外形及其符号如图 1-12 所示。

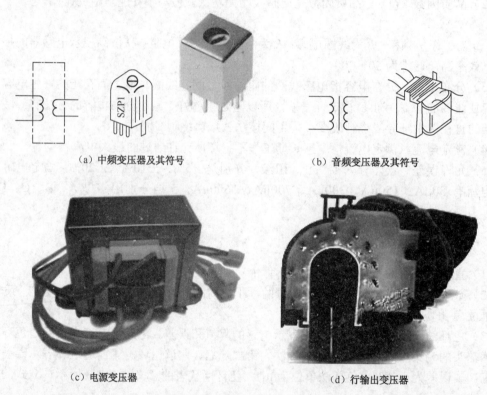

（a）中频变压器及其符号　　　　　　　　（b）音频变压器及其符号

（c）电源变压器　　　　　　　　　　　（d）行输出变压器

图 1-12　常见变压器及其符号

## 2. 变压器命名

（1）变压器型号中主称字母的含义。

DB，电源变压器；CB，音频输出变压器；RB，音频输入变压器；GB，高频变压器；

HB，灯丝变压器；SB 或 ZB，音频（定阻式）变压器。例如，DB-50-2 表示 50VA 的电源变压器。

（2）中周变压器的命名方法由三部分组成。

第一部分：主称，用字母表示。其中，T 表示中频变压器；L 表示振荡线圈；T 表示磁性瓷芯式。

第二部分：尺寸，用数字表示。其中，1 表示 7×7×12；2 表示 10×10×14 等。

第三部分：级数，用数字表示。其中，1 表示第 1 级；2 表示第 2 级；3 表示第 3 级。

### 3．变压器的参数

（1）额定功率。额定功率是指在规定频率和电压下，变压器长期工作而不超过规定的温升的最大输出功率，额定功率中会有部分无功功率，单位为 VA，一般在数百伏安以下。

（2）变压比（$n$）。变压比是指变压器初、次绕组电压比，如果忽略了铁芯、线圈的损耗，此值近似等于初、次绕组的匝数比，这个参数表明了该变压器是升压变压器还是降压变压器。

$$n=U_1/U_2=N_1/N_2$$

（3）电流与电压的关系。若不考虑变压器的损耗，则 $U_1I_1=U_2I_2$ 或 $U_1/U_2=I_2/I_1$。

（4）效率（$\eta$）。在额定负载时，变压器输出功率占输入功率的百分数。

$$\eta=（P_o/P_i）\times100\%$$

它与设计参数、材料、制造工艺及功率有关，通常 20VA 以下效率为 70%～80%，而 100VA 以上效率可达 95%以上。一般电源、音频变压器考虑效率，中频、高频变压器不考虑效率。

## 1.3.3　继电器

继电器是一种当输入量（电、磁、声、光、热）达到一定值时，输出量将发生跳跃式变化的自动控制器件。

### 1．继电器的分类

（1）按继电器的工作原理或结构特征分类，可以分为以下几类。

① 电磁继电器：是利用电磁铁控制工作电路通断开关的继电器。

② 固体继电器：指电子元件履行其功能而无机械运动构件的，输入和输出隔离的一种继电器。

③ 温度继电器：当外界温度达到给定值时动作的继电器。

④ 舌簧继电器：利用密封在管内，具有触电簧片和衔铁磁路双重作用的舌簧动作来开、闭或转换线路的继电器。

⑤ 时间继电器：当加上或除去输入信号时，输出部分需延时或限时到规定时间才闭合或断开其被控线路的继电器。

⑥ 高频继电器：用于切换高频、射频线路而具有最小损耗的继电器。

⑦ 极化继电器：由极化磁场与控制电流通过控制线圈所产生的磁场综合作用而动作的继电器。继电器的动作方向取决于控制线圈中流过的电流方向。

⑧ 其他类型的继电，如光继电器、声继电器、热继电器、仪表式继电器、霍尔效应继

电器、差动继电器等。

（2）按继电器的外形尺寸分类，可以分为微型继电器、超小型微型继电器和小型微型继电器。

（3）按继电器的负载分类，可以分为微功率继电器、弱功率继电器、中功率继电器和大功率继电器。

（4）按继电器的防护特征分类，可以分为封闭式继电器和敞开式继电器。

（5）按继电器动作原理分类，可以分为电磁型、感应型、整流型、电子型和数字型等。

（6）按照反应的物理量分类，可以分为电流继电器、电压继电器、功率方向继电器、阻抗继电器、频率继电器和气体（瓦斯）继电器。

（7）按照继电器在保护回路中所起的作用分类，可以分为启动继电器、量度继电器、时间继电器、中间继电器、信号继电器和出口继电器。

常用继电器外形如图 1-13 所示。

(a)             (b)

图 1-13　常用继电器实物图

### 2．继电器命名

一般国产继电器的型号命名由五部分组成。

（1）第一部分：主称类型，用字母表示。其中，J 表示继电器主称。

（2）第二部分：功率或形式，用字母表示。其中，W 表示微功率继电器；R 表示小功率继电器、Z 表示中功率继电器；Q 表示大功率继电器；A 表示舌簧继电器；M 表示脉冲继电器；H 表示极化继电器；P 表示高频继电器；C 表示磁电式继电器；U 表示热继电器或温度继电器；T 表示特种继电器；S 表示时间继电器；L 表示交流继电器。

（3）第三部：形状特征，用字母表示。其中 W 表示微型；X 表示小型；C 表示超小型；G 表示干式；S 表示湿式。

（4）第四部分：产品序号，用数字表示。

（5）第五部分：封装（防护特征），用字母表示。其中，F 表示封闭式；M 表示密封式；（无）表示敞开式。

例如，JRX-13F 为封闭式小功率小型继电器。

### 3．继电器符号

继电器线圈在电路中用一个长方框符号表示，如果继电器有两个线圈，就画两个并列的长方框。同时在长方框内或长方框旁标上继电器的字母符号"J"。继电器的触点有以下三种基本形式。

（1）动合型（H 型）。线圈不通电时两触点是断开的，通电后，两个触点就闭合。以合字的拼音首字母"H"表示。

（2）动断型（D 型）。线圈不通电时两触点是闭合的，通电后两个触点就断开。用断字的拼音首字母"D"表示。

（3）转换型（Z 型）。这是触点组型。这种触点组共有 3 个触点，即中间是动触点，上下各一个静触点。线圈不通电时，动触点和其中一个静触点断开，另一个静触点闭合；线圈通电后，动触点就移动，使原来断开的成闭合状态，原来闭合的成断开状态，达到转换的目的。这样的触点组称为转换触点。用"转"字的拼音首字母"Z"表示，如图 1-14 所示。

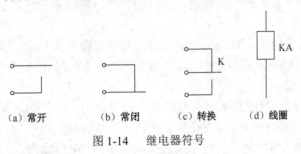

（a）常开　　　　　（b）常闭　　　　　（c）转换　　　　　（d）线圈

图 1-14　　继电器符号

### 4．电磁继电器参数

（1）额定工作电压。额定工作电压是指继电器正常工作时线圈所需要的电压。根据继电器的型号不同，可以是交流电压，也可以是直流电压。

（2）直流电阻。直流电阻是指继电器中线圈的直流电阻，可以通过万用表测量。

（3）吸合电流。吸合电流是指继电器能够产生吸合动作的最小电流。在正常使用时，给定的电流必须略大于吸合电流，这样继电器才能稳定地工作。而对于线圈所加的工作电压，一般不要超过额定工作电压的 1.5 倍，否则会产生较大的电流而把线圈烧毁。

（4）释放电流。释放电流是指继电器产生释放动作的最大电流。当继电器吸合状态的电流减小到一定程度时，继电器就会恢复到未通电的释放状态。这时的电流远远小于吸合电流。

（5）触点切换电压和电流。触点切换电压和电流是指继电器允许加载的电压和电流。它决定了继电器能控制电压和电流的大小，使用时不能超过此值，否则很容易损坏继电器的触点。

## 实训 3　电感器、变压器和继电器的识别与检测

### 1．实训目标

（1）能识别常用电感器、变压器、继电器的型号和参数。

（2）会用万用表、数字电桥对元器件进行质量检测。

**2．实训器材**

色环电感器、可变电感、电压变压器、中频变压器、电磁式继电器各 10 只，万用表 1 块，数字电桥 1 台。

**3．实训内容**

1）电感的选用与检测

（1）按工作频率的要求选择某种结构的线圈。用于音频段的一般要用带铁芯或铁氧体芯。工作频率在几百千赫到几千兆赫时，线圈最好使用铁氧体芯，并用多股绝缘线绕制；在 100MHz 以上时，一般不能选用铁氧体芯，只能使用空心线圈，因为多股线间分布电容的作用及介质损耗的增加，所以不宜在频率高的地方。

线圈骨架的材料与线圈的损耗有关，因此用在高频电路里的线圈应选择高频损耗小的陶瓷作骨架。

（2）电感器的质量判断。首先从外观检查，查看线圈有无松散、发霉，引脚有无折断、生锈现象，然后用万用表的欧姆挡测量，直流电阻应很小，最大的也只有几百欧或几千欧。

2）电源变压器检测

电源变压器的初级、次级引脚都是分别从两侧引出的，一般初级侧标有 220V 字样，但有时标记模糊，可以根据初级绕组线径细、匝数多，次级绕组线径粗、匝数少判断，同时初级直流铜阻>次级直流铜阻；初、次级与铁芯绝缘良好；上电后输出电压正常，没有异常温升，即可判断为良好。

3）继电器测试

（1）测线圈电阻。可以用万用表欧姆挡（200Ω 或 2kΩ）测量继电器线圈的阻值，从而判断该线圈是否存在着开路现象。继电器线圈的阻值和它的工作电压及工作电流有非常密切的关系，通过线圈的阻值可以计算出它的使用电压及工作电流。或者模拟表"R×100"或"R×1k"挡测试继电器线圈两个引脚，万用表指示应与该继电器的线圈电阻值基本相符，如果阻值明显偏小，说明线圈局部短路；如果阻值为零，说明两线圈引脚间短路；如果阻值为无穷大，说明线圈已断路。

（2）测触点电阻。用万用表的电阻挡或者二极管挡，测量常闭触点与动点电阻，其阻值应为 0；而常开触点与动点的阻值就为无穷大。由此可以区别出哪个是常闭触点，哪个是常开触点。

（3）测量吸合电压和吸合电流。使用可调稳压电源和电流表，给继电器输入一组电压，且在供电回路中串入电流表进行监测。慢慢调高电源电压，听到继电器吸合声时，记下该吸合电压和吸合电流。为求准确，可以多试几次而求平均值；测量释放电压和释放电流也是像上述那样连接测试，当继电器发生吸合后，再逐渐降低供电电压，当听到继电器再次发生释放声音时，记下此时的电压和电流，也可以多试几次而取得平均的释放电压和释放电流。一般情况下，继电器的释放电压在吸合电压的 10%～50%，如果释放电压太小（小于 1/10 的吸合电压）时则不能正常使用，这样会对电路的稳定性造成威胁，使工作不可靠。

**4．实训评价**

| 评价内容 | 要　求 | | | | | 配分 | 评分 |
|---|---|---|---|---|---|---|---|
| 纪律 | 不迟到，不早退，不旷课，不高声喧哗，不说粗话脏话 | | | | | 5分 | |
| 文明 | 各种型号电感器、变压器和继电器摆放整齐，不损坏元器件，不乱丢杂物，保持实训场地整洁 | | | | | 10分 | |
| 安全 | 元器件无人为破坏，仪器仪表无人为损坏 | | | | | 10分 | |
| 技能 | 电感器 | 型号 | 标称值 | 允许误差 | | 性能 | 75分 |
| | | | | | | | |
| | | | | | | | |
| | 变压器 | 型号 | 初级绕组 | 次级绕组 | | 性能 | |
| | | | | | | | |
| | | | | | | | |
| | 继电器 | 型号 | 常开 | 常闭 | 线圈电阻 | 性能 | |
| | | | | | | | |

# 1.4　二极管、三极管

| 【学习导航】 | 本知识内容中主要使学生能识别二极管、三极管的型号，会使用常见二极管、三极管，并掌握其极性判断方法和性能测试方法。 |
|---|---|

## 1.4.1　国产半导体器件型号命名

　　国产晶体管的命名主要由五部分组成，如表 1-4 所示，其中场效应器件、半导体特殊器件、复合管、PIN 管和激光型器件的型号由第三、四、五部分组成。

　　例如，2DW 为 P 型硅材料稳压二极管；2CK 为 N 型硅材料开关二极管。

　　由于半导体器件命名繁多，下面介绍美国的命名方法，具体的元器件要查阅相关手册。

　　美国电子工业协会半导体分立器件命名方法如下。

　　第一部分：用符号表示器件用途的类型。JAN 为军级，JANTX 为特军级，JANTXV 为超特军级；JANS 为宇航级；（无）为非军用品。

　　第二部分：用数字表示 PN 结数目。1 为二极管，2 为三极管，3 为三个 PN 结器件，$n$ 表示 $n$ 个 PN 结器件。

　　第三部分：美国电子工业协会（EIA）注册标志。N 表示该器件已在美国电子工业协会（EIA）注册登记。

表1-4 晶体管型号命名

| 第 一 部 分 | 第 二 部 分 | 第 三 部 分 | 第 四 部 分 | 第 五 部 分 |
|---|---|---|---|---|
| 数字表示电极数目 | 字母表示器件的材料与极性 | 字母表示器件的类别 | 数字表示器件的序号 | 字母表示规格 |
| 2 表示二极管 | A：N 型，锗材料<br>B：P 型，锗材料<br>C：N 型，硅材料<br>D：P 型，硅材料 | P 普通<br>V 混频检波器<br>W 稳压管<br>C 变容器 | 反映极限参数、直流参数和交流参数等的差别 | 反映承受反向击穿电压的程度：A、B、C、D……A 表示承受的反向击穿电压最低，B 次之…… |
| 3 表示三极管 | A：PNP 型，锗材料<br>B：NPN 型，锗材料<br>C：PNP 型，硅材料<br>D：NPN 型，硅材料 | Z 整流管<br>N 阻尼<br>S 隧道管<br>GS 光电子显示器<br>K 开关管<br>X 低频小功率<br>（$f<$3MHz，$P<$1W）<br>G 高频小功率<br>（$f\geqslant$3MHz，$P<$1W）<br>D 低频大功率<br>（$f<$3MHz，$P\geqslant$1W）<br>A 高频大功率<br>（$f\geqslant$3MHz，$P\geqslant$1W）<br>T 半导体闸流管<br>Y 体效应器件<br>B 雪崩管<br>J 阶跃恢复管<br>CS 场效应器件<br>BT 半导体特殊器件<br>FH 复合管<br>PIN PIN 管<br>JG 激光管<br>U 光电 | | |

第四部分：美国电子工业协会登记顺序号。多位数字表示该器件在美国电子工业协会登记的顺序号。

第五部分：用字母表示器件分挡。A、B、C、D……分别表示同一型号器件的不同挡别。如 JAN2N3251A 表示 PNP 硅高频小功率开关三极管（JAN 为军级，2 为三极管，N 为 EIA 注册标志，3251 为 EIA 登记顺序号，A 为 2N3251A 挡）；1N4001～1N4007 表示整流二极管，1N4001～1N4007 只是在最大反向输入电压上有区别，其反向峰值电压分别为 50V、100V、200V、400V、600V、800V 和 1000V，因此，在满足最大反向电压的基础上可以用 4007 代替 4001～4006，以此类推。

## 1.4.2  二极管

### 1. 二极管符号

各类二极管符号如图 1-15 所示

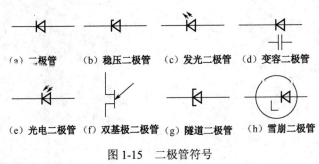

（a）二极管　　（b）稳压二极管　（c）发光二极管　（d）变容二极管

（e）光电二极管　（f）双基极二极管　（g）隧道二极管　（h）雪崩二极管

图 1-15　二极管符号

### 2. 二极管的分类

（1）材料：硅、锗、砷化镓。
（2）结构：点接触、面接触。
（3）用途：检波、整流、稳压和开关等。

### 3. 常见二极管

（1）整流二极管。多用硅半导体材料制成，有金属封装和塑料封装两种。主要用于整流电路，即把交流电变成脉动的直流电。特点为面接触型，结电容较大。

（2）检波二极管。把高频信号中的低频信号检出来。特点为点接触型，结电容较小，一般采用锗材料。

（3）稳压管。稳压二极管是一种齐纳二极管，它是利用二极管反向击穿时，其两端电压固定在某一数值，而基本上不随电流大小变化的特性来进行工作的。稳压二极管的正向特性与普通二极管相似，当反向电压小于击穿电压时，反向电流很小；当反向电压临近击穿电压时，反向电流急剧增大，发生电击穿。这时电流在很大范围内改变使管子两端的电压基本保持不变，起到稳定电压的作用。必须注意的是，稳压二极管在电路上应用时一定要串联限流电阻，不能让二极管击穿后电流无限增大，否则二极管将立即被烧毁；稳压管在电路中是反向连接的，稳压管可以串联使用（串联稳压值为各稳压管稳压值之和），不能并联。

（4）阻尼二极管。多用在高频电压电路中，能承受较高的反向击穿电压和较大峰值电流。

（5）变容二极管。利用 PN 结反偏时势垒电容大小随外加电压变化的特性制成。反向电压增大时，势垒电容减小。

（6）光电二极管（光敏二极管）。普通二极管在反向电压作用时处于截止状态，只能流过微弱的反向电流，光电二极管在设计和制作时尽量使 PN 结的面积相对较大，以便接收入射光。光电二极管是在反向电压作用下工作的，没有光照时，反向电流极其微弱，称为暗电流；有光照时，反向电流迅速增大到几十微安，称为光电流。光的强度越大，反向电流也越大。光的变化引起光电二极管电流变化，这就可以把光信号转换成电信号，成为光电传感器件。

（7）发光二极管。把电能变成光能的半导体，当发光二极管正偏达到额定电流时就会发光。常见二极管实物图如图1-16所示。

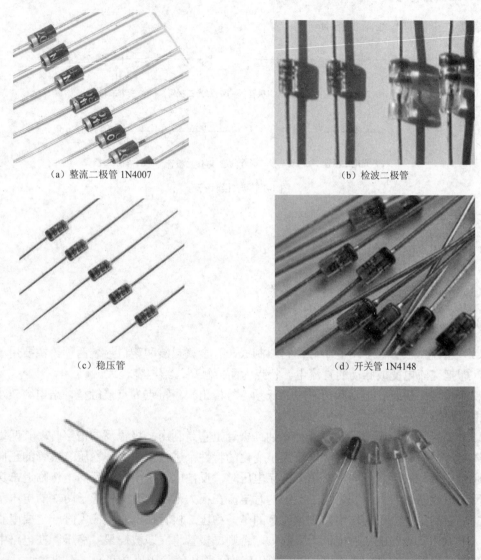

（a）整流二极管1N4007　　　　　　　（b）检波二极管

（c）稳压管　　　　　　　　　　　（d）开关管1N4148

（e）光电二极管　　　　　　　　　（f）发光二极管

图1-16　常见二极管实物图

### 4．二极管的选用和代用

（1）二极管的选用。点接触二极管工作频率高，承受高电压和大电流的能力差，一般用于检波、小电流整流、高频开关电路中；面接触二极管适用于工作频率较低、工作电压、电流较大的场合。

（2）二极管的代用。先要选用同型号的代替；需要使用性质和主要参数相近的二极管；稳压管一定要注意稳压值。

## 1.4.3　三极管

### 1．三极管符号

晶体三极管是一种利用输入电流控制输出电流的电流控制型器件，它的工作状态有三种，分别是饱和、截止和放大，因此，三极管是放大电路的核心元件（具有电流放大能力），同时又是理想的无触点开关元器件，其特点是：有三个区（发射区、基区和集电区）；两个 PN 结，即发射结（BE 结）、集电结（BC 结）；三个电极（发射极 e、基极 b 和集电极 c）；两种类型，即 NPN 型管和 PNP 型管，其符号和结构如图 1-17 所示。

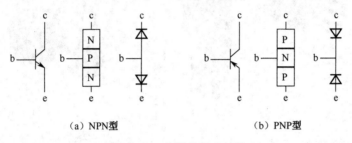

（a）NPN型　　　　　　　　　　　　　（b）PNP型

图 1-17　三极管符号和结构

### 2．三极管的分类

（1）按极性分可以分为 NPN 和 PNP。
（2）按材料分可以分为硅管和锗管。
（3）按频率分可以分为低频管和高频管。
（4）按功率分可以分为小功率、中功率和大功率。
（5）按用途分可以分为放大管和开关管。
（6）按封装分可以分为塑料封装和金属封装。

### 3．常见三极管

常见三极管实物图如图 1-18 所示，中小功率三极管 9011～9018：除 9012 和 9015 是 PNP 管外，其余都是 NPN 管，引脚排列，正面对着（写字一面），从左到右依次是 e、b、c，s8050（NPN），8550（PNP），C2078（NPN）引脚排列同上。

3AX55C（低频小功率 PNP 锗管）：金属外壳上一般有定位销，将管底朝上从定位销起顺时针方向三个电极分别是 e、b、c；若无定位销，则将三根电极所在半圆置于上方，顺时针方向依次是 e、b、c。

3DD15D（低频大功率 NPN 硅管）：F 型大功率管，从外形只能看到两根电极（e、b）在管底部，小部分向上，"左 b 右 e"，底座为"c"。

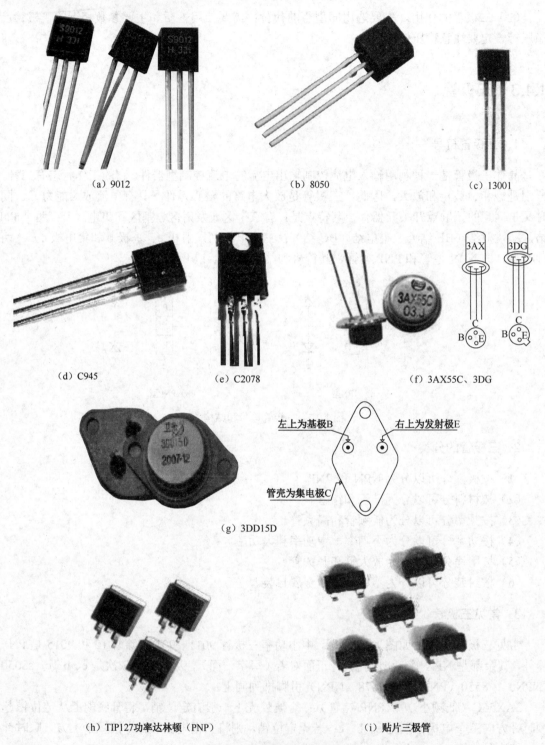

（a）9012　　　　　　　　（b）8050　　　　　　　　（c）13001

（d）C945　　　　　　　　（e）C2078　　　　　　　　（f）3AX55C、3DG

（g）3DD15D

（h）TIP127功率达林顿（PNP）　　　　　　（i）贴片三极管

图 1-18　常见三极管实物图

　　达林顿管是复合管的一种连接形式。它是将两只三极管或更多只三极管集电极连在一起，而将第一只三极管的发射极直接耦合到第二只三极管的基极，依次级联而成的。

贴片三极管有三个电极的也有四个电极的，一般三个电极的贴片三极管从顶端往下看有两边，上边只有一脚的为集电极，下边的两脚分别是基极和发射极；在四个电极的贴片三极管中，比较大的一个引脚是三极管的集电极，另有两个引脚相通是发射极，余下的一个是基极。

### 4. 三极管主要参数

三极管的技术参数是用于描述其性能好坏的参数，也是合理选用管子的依据。三极管的参数分为直流参数和交流参数，主要包括电流放大系数 $\beta$、穿透电流 $I_{ceo}$、集电极最大允许电流 $I_{cm}$、集电极反向击穿电压 $U_{ceo}$、集电极最大允许耗散功率 $P_{cm}$ 等。

1）直流参数

（1）集电极-基极反向饱和电流（$I_{cbo}$）：是指当发射极开路（$I_e=0$）并在集电极和基极之间加上一定反向电压时的反向电流。$I_{cbo}$ 实际上是集电结的反向电流，它只取决于少数载流子的浓度和结的温度，在温度给定时（25℃），该反向电流基本是个常数，因此称之为反向饱和电流。一般三极管的 $I_{cbo}$ 的值很小（微安级），$I_{cbo}$ 会随温度的升高而增大，因此，从温度稳定性和可靠性考虑，在环境温度变化大的场所宜选用硅管。

（2）集电极-发射极反向饱和电流（$I_{ceo}$）：表示基极开路时，在集电极与发射极间加上一定反向电压时的集电极电流。由于 $I_{ceo}$ 是从集电区穿过基区流至发射区的，故又称为穿透电流。温度越高，$I_{ceo}$ 的值越大，在指定温度下（25℃），$I_{ceo}$ 值越小，管子质量越好。根据载流子运动理论和大量实验证实，$I_{ceo}=(1+\beta)I_{cbo}$。一般小功率锗三极管的 $I_{ceo}$ 值较大，在几十微安到几百微安之间；而硅管的 $I_{ceo}$ 只有几微安，选用时，要选 $I_{ceo}$ 值小的三极管。

2）交流参数

（1）共发射极电流放大系数（$\beta$）：三极管在有动态信号输入时，集电极电流变化量与基极电流变化量的比值称为共发射极交流电流放大系数，用 $\beta$ 表示。一般小功率三极管的 $\beta$ 值为 20～150，在放大电路中，若选用 $\beta$ 值过小的三极管，其放大倍数就小；若 $\beta$ 值过大，则会使放大电路不稳定，通常选用 30～150 管子为宜。

（2）共发射极截止频率（$f_\beta$）：在共发射极放大电路中，其电流放大系数 $\beta$ 与工作频率有关，在频率 $f$ 增至一定值时，$\beta$ 随频率上升而下降。$\beta$ 值下降至低频电流放大系数 $\beta_0$ 的 $1/\sqrt{2}$ 时的频率称为 $\beta$ 截止频率，常用 $f_\beta$ 表示。

（3）特征频率（$f_T$）：当工作频率超过截止频率 $f_\beta$ 时，$|\beta|$ 值下降至 1，此时对应的频率称为特征频率，用 $f_T$ 表示。

3）极限参数

半导体三极管的极限参数是确保三极管安全运用的参数，若超过极限参数，有可能造成管子永久性损坏。

（1）集电极最大允许电流（$I_{cm}$）：集电极电流 $I_c$ 超过某一数值时，三极管的 $\beta$ 值会下降，通常规定 $\beta$ 值下降到其正常值的 2/3 时的集电极电流称为集电极最大允许电流 $I_{cm}$。在使用时，管子工作电流 $I_c < I_{cm}$。一般小功率的 $I_{cm}$ 为几十毫安，大功率的 $I_{cm}$ 为几安或者更高。

（2）集电极-发射极反向击穿电压（$\beta U_{ceo}$）：是指三极管基极开路时，加在集电极 c 和发射极 e 之间的最大允许电压。$\beta U$ 表示击穿电压，下脚标"o"表示基极开路。使用三极管时，

应使 $U_{ce}<\beta U_{ceo}$，避免三极管发生击穿而损坏。

（3）集电极-基极反向击穿电压（$\beta U_{cbo}$）：是指三极管发射极开路时，集电结所加的反向最大电压，使用时，不允许超过该值。

（4）发射极-基极反向击穿电压（$\beta U_{ebo}$）：是指三极管集电极开路时，发射结所加的反向最大电压，使用时，不得超过该值。

（5）集电极最大允许耗散功率（$P_{cm}$）：由于三极管的集电结处于反向偏置状态时，呈高阻状态，因此，当集电极电流 $I_c$ 流动时，集电结耗散功率将转化为热功率，使结温升高。当功率超过某个数值时，PN 结温过高会导致热击穿而损坏三极管，这个数值称为最大允许耗散功率，用 $P_{cm}$ 表示。对于大功率三极管，为提高 $P_{cm}$ 值，常加大散热片以加快散热。

## 实训4　二极管、三极管的识别与检测

### 1．实训目标

（1）能识别常用二极管、三极管的型号。

（2）会用万用表检测二极管、三极管的极性和性能好坏。

### 2．实训器材

普通二极管、稳压二极管、发光二极管、整流二极管、大功率三极管、中功率三极管、小功率三极管各 10 只，万用表 1 块。

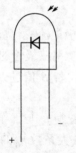

图1-19　光电二极管结构

### 3．实训内容

1）二极管的检测

（1）直观判别法。外形如整流二极管、稳压管等时，有色标的一端是负极；如发光二极管和光电二极管则是长引脚为正极，短引脚为负极，如图 1-19 所示，长引脚为光电管内部二极管负极，但由于光电二极管反用，因此长引脚将接电源的正极，因此把长引脚确定为正极。

（2）万用表测试法。用万用表欧姆挡测试，如表 1-5 所示。

表 1-5　万用表测试二极管性能

| 正 向 电 阻 | 反 向 电 阻 | 性　　能 |
|---|---|---|
| 较小 | 较大 | 好 |
| 0 | 0 | 短路损坏 |
| ∞ | ∞ | 开路损坏 |
| 正向电阻比较接近 | | 管子质量不佳 |

也可以用数字万用表二极管挡测试，正向显示数值，蜂鸣器报警，反向显示"1"（超出范围），正向有值时红表笔接的是二极管正极，对于发光二极管，发光时，性能好，红表笔

接发光二极管正极。

（3）光电二极管检测方法。

① 电阻测量法：用万用表 1k 挡。光电二极管正向电阻为 10MΩ 左右。在无光照情况下，反向电阻为∞时，说明管子是好的（反向电阻不是∞时说明漏电流大）；有光照时，反向电阻随光照强度增加而减小，阻值可达到几千欧或 1kΩ 以下，说明管子是好的，若反向电阻都是∞或是零，则说明管子是坏的。

② 电压测量法：用万用表 1V 挡。用红表笔接光电二极管"+"极，黑表笔接"－"极，在光照下，其电压与光照强度成比例，一般可达 0.2～0.4V。

③ 短路电流测量法：用万用表 50μA 挡。用红表笔接光电二极管"+"极，黑表笔接"－"极，在白炽灯下（不能用日光灯），随着光照增强，其电流增加是好的，短路电流可达数十至数百微安。

**【注意】**在实际工作中，有时需要区别是红外发光二极管，还是红外光电二极管（或者是光电三极管）。其方法为：若管子都是透明树脂封装，则可以从管芯安装方式来区别。红外发光二极管管芯下有一个浅盘，而光电二极管和光电三极管则没有；若管子尺寸过小或是用黑色树脂封装的，则可用万用表（置 1kΩ 挡）来测量电阻。用手捏住管子（不让管子受光照），正向电阻为（20～40）kΩ，而反向电阻大于 200kΩ 的是红外发光二极管；正反向电阻都接近∞的是光电三极管；正向电阻在 10kΩ 左右，反向电阻接近∞的是光电二极管。

2）三极管的极性判断与性能测试

（1）用模拟表测量。

① 判断 b 极、管型和性能：将万用表拨在 $R\times100\Omega$ 或 $R\times1k\Omega$ 电阻挡上，先假设三极管的某极为"基极"，将黑表笔接在假设的基极上，再将红表笔依次接到另外两个电极，分别检测它们之间的电阻值，若两次测得的电阻都很大（约为几千欧到十几千欧）或者都很小（约为几百欧到几千欧），则对换表笔再重复上述测量，若测得两个电阻阻值相反（都很小或都很大），则可以确定基极是正确的。否则假设另一电极为"基极"，重复上述测试以确定基极，若无一个符合上述测量结果，说明三极管已坏。

当基极确定后，将黑表笔接基极，红表笔分别接其他两极，若测得阻值都很小，则为 NPN 型；反之则为 PNP 型。

② 判断 c 和 e 极：以 NPN 型管为例，黑表笔接假设的 c 极，红表笔接假设的 e 极，并用手捏住 b 极和 c 极（b、c 不能接触，通过人体相当于在 b、c 极之间接入偏置电阻），读出阻值，然后同样的方法捏 b 极和另外一极，比较测得的阻值，取阻值小的为 c 极，说明电流大，偏置正常。

（2）用数字表测试。用数字表的二极管挡位，方法同模拟表，只是将红黑表笔对调。另外，如上所述只进行到第一步时，将万用表拨到 hfe 挡，可以将三极管的 b 极和管型正确插入相应插孔，正反插两次，比数值较大的那次 c、e 极性正确，同时，数字表显示的数值就是放大倍数 $\beta$ 值。

如果需要精确测试三极管输入、输出特性曲线，可以利用晶体管特性测试仪。

### 4. 实训评价

| 评价内容 | 要　求 | | | | 配分 | 评分 |
|---|---|---|---|---|---|---|
| 纪律 | 不迟到，不早退，不旷课，不高声喧哗，不说粗话脏话 | | | | 5分 | |
| 文明 | 各种型号二、三极管摆放整齐，不损坏元器件，不乱丢杂物，保持实训场地整洁 | | | | 10分 | |
| 安全 | 元器件无人为破坏，仪器仪表无人为损坏 | | | | 10分 | |
| 技能 | 二极管 | 型　号 | 正向阻值 | 反向阻值 | 性　能 | 75分 |
| | | | | | | |
| | | | | | | |
| | | | | | | |
| | 三极管 | 管　型 | 引脚排列 | 放大倍数 $\beta$ 值 | 性　能 | |
| | | | | | | |
| | | | | | | |
| | | | | | | |
| | | | | | | |

# 1.5　集 成 电 路

| 【学习导航】 | 本知识内容中主要使学生能识别集成电路的型号、引脚排列和性能测试方法。 |
|---|---|

集成电路是 20 世纪 50 年代末发展起来的新型电子器件，是利用半导体工艺或厚、薄膜工艺将晶体管、二极管、电阻、电容、连线等集中光刻在一小块固体硅片或绝缘基片上，并封装在管壳之中，构成一个完整的、具有一定功能的电路，英文缩写为IC，俗称芯片。集成电路是发展最快的电子元器件，用于电子技术的各个方面，种类繁多，具有体积小、重量轻、功耗低、成本低、可靠性高、性能稳定等优点，而且新品种层出不穷，这里仅从应用的角度介绍常用集成电路的类别、封装、引脚识别和简单测试等应用知识。

## 1.5.1　集成电路的识别

### 1. 集成电路的分类

（1）按集成度分类。按集成度可以分为以下几种。

① 小规模电路：元件一般少于 100 个或 10 个以下门电路。

② 中规模电路：元件在 101～1000 个或 11～100 个门电路。

③ 大规模电路：元件在 1001～10000 或 101～1000 个门电路。

④ 超大规模电路：元件在 10001～100k 或 1001～10000 个门电路。

⑤ 甚大规模集成电路：元件在 100，001～10M 或 10，001～1M 个门电路。

（2）按封装形式分类。按封装形式可以分为单列直插（SIP）、双列直插式（DIP）、锯齿双列直插式（ZIP）、四面扁平式（QFP）、双列扁平式（DFP）、四列直插式（QUIP）、针栅阵列式（PGA）、微型双列式（SOP）。

（3）按封装材料分类。按封装材料可以分为塑料、陶瓷、玻璃、金属等。

（4）按外形分类。常见的集成电路的外形有圆形金属封装、扁平陶瓷封装、双列直插式封装、单列直插式封装、四列扁平式封装等。

## 2．集成电路的型号命名

国产半导体集成电路型号一般由五部分组成，如表 1-6 所示。

表 1-6　集成电路型号命名

| 第 零 部 分 | | 第 一 部 分 | | 第 二 部 分 | 第 三 部 分 | | 第 四 部 分 | |
|---|---|---|---|---|---|---|---|---|
| 用字母表示器件符合国家标准 | | 用字母表示器件的类型 | | 用阿拉伯数字和字母表示器件系列品种（已与国际代号接轨） | 用字母表示器件的工作温度范围 | | 用字母表示器件的封装 | |
| 符号 | 意义 | 符号 | 意义 | | 符号 | 意义 | 符号 | 意 义 |
| C | 中国制造 | T | TTL 电路 | TTL 分为： | C. | 0～70℃⑤ | F | 多层陶瓷扁平封装 |
| | | H | D | 54/74 x x x① | G | −25～70℃ | B | 塑料扁平封装 |
| | | E | ECL 电路 | 54/74 H xxx② | L | −25～85℃ | H | 黑瓷扁平封装 |
| | | C | CMOS 电路 | 54/74 Lxxx③ 54/74 Sxxx | E | −40～85℃ | D | 多层陶瓷双列直插封装 |
| | | M | 存储器 | 54/74 LSxxx④ | R | −55～85℃ | J | 黑瓷双列直插封装 |
| | | u | 微型机电路 | 54/74 A Sxxx | M | −55～125℃⑥ | P | 塑料双列直插封装 |
| | | F | 线性放大器 | 54/74 ALSxxx | | | S | 塑料单列直插封装 |
| | | W | 稳压器 | 54/74 F x x x | | | T | 金属圆壳封装 |
| | | D | 音响电视电路 | CMOS 为： | | | K | 金属菱形封装 |
| | | B | 非线性电路 | 4000 系列 | | | C | 陶瓷芯片载体封装 |
| | | J | 接口电路 | 54/74HC xxx | | | E | 塑料芯片载体封装 |
| | | AD | A/D 转换器 | 54/74 HCTxxx | | | G | 网格针栅陈列封装 |
| | | DA | D/A 转换器 | ⋮ | | | SOIC | 小引线封装 |
| | | SC | 通信专用电路 | ⋮ | | | PCC | 塑料芯片载体封装 |
| | | SS | 敏感电路 | | | | LCC | 陶瓷芯片载体封装 |
| | | SW | 钟表电路 | | | | | |
| | | SJ | 机电仪电路 | | | | | |
| | | SF | 复印机电路 | | | | | |

注：① 74 表示国际通用 74 系列（民用）；54 表示国际通用 54 系列（军用）。

② H 表示高速。

③ L 表示低速。

④ LS 表示低功耗。

⑤ C 表示只出现在 74 系列。

⑥ M 表示只出现在 54 系列。

### 3. 集成电路引脚识别

（1）圆形封装。圆形结构的集成电路与金属壳封装的半导体三极管差不多，只不过体积大、电极引脚多。这种集成电路引脚排列方式为：从识别标记开始，沿顺时针方向依次为1、2、3……如图1-21（a）所示（现应用较少）。

（2）单列直插封装（SIP）。使引脚向下，以缺口、凹槽或色点作为引脚参考标记，标志朝左边，引脚编号顺序从左到右排列，如图1-21（b）所示。

集成电路的命名如图1-20所示。

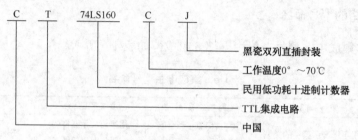

图1-20　集成电路的命名

（3）双列直插式封装（DIP）。将集成电路水平放置，引脚向下，以缺口、凹槽或色点作为引脚参考标记，标记朝左边，左下角为第一个引脚，然后按逆时针方向排列，如图1-21（c）所示。

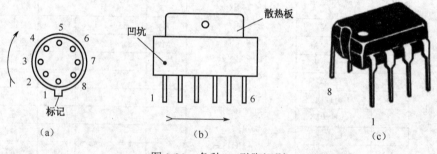

图1-21　各种IC引脚识别

（4）三脚封装。主要是稳压集成电路，一般正面（印有型号商标的一面）朝向的集成电路，引脚标记顺序自左向右方向排列。

## 1.5.2　常用三端集成稳压器的介绍

三端集成稳压器可分为三端固定式和三端可调式。

### 1. 三端固定式集成稳压器

（1）三端固定式稳压器定义。三端固定式稳压器是一种串联调整式稳压器，它将取样电阻、补偿电容、保护电路和大功率调整管制作在同一芯片上，它仅有三个引端。典型产品是

78 系列、79 系列。

（2）输出最大电流。命名：78X××表示；其中，78 是系列号，第一个"×"表示输出电流，后面表示输出电压。

电流输出用字母表示，其中 L 为最大电流不大于 100mA，N 为最大电流不大于 300 mA，M 为最大电流不大于 500mA，T 为最大电流不大于 3A，H 为最大电流不大于 5A，电流位置无字母表示最大电流不大于 1.5A。

（3）输出电压。"××"：输出电压每类有 5V、6V、7V、8V、9V、10V、11V、12V、15V、18V、24V 十一种。

（4）电压极性。78 系列输出的是固定的正电压，79 是负电压。

（5）引脚排列。78 系列的引脚从左到右是输入、地、输出；79 系列的引脚从左到右是地、输入、输出。

此外，还应注意，散热片总是和最低电位引脚相连。这样在 78×× 系列中，散热片和地相连接，而在 79×× 系列中，散热片却和输入端相连接，如图 1-22 所示。

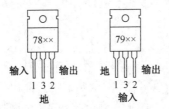

图 1-22　三端固定式集成稳压器

例如，W78M18 表示国产三端固定式正电压稳压器，输出电流为 500mA，输出电压是 18V。

### 2．三端可调式集成稳压器

三端可调式集成稳压器是第二代产品，分为三端正电压可调和三端负电压可调式集成稳压器。

LM（CW）317（117、217）系列输出正电压，它的引脚是 1 为调整端，2 为输出端，3 为输入端，它的输出电压范围为 1.2～37V。

LM（CW）337（137、237）系列输出负电压，它的引脚是 1 为调整端，2 为输入端、3 为输出端，它的输出电压范围为-1.2～-37V，如图 1-23 所示。

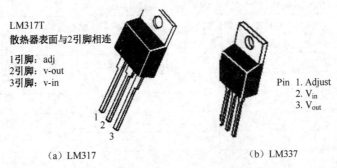

（a）LM317　　　　　　　　　　（b）LM337

图 1-23　三端可调式集成稳压器

第一个数字："1"为军工，"2"为工业、半军工，"3"为民品。最后字母表示最大输出电流："L"表示 0.1A，"M"表示 0.5A，无字母表示 1.5A。

## 实训 5　集成电路的识别与检测

### 1．实训目标

（1）能识别常用集成电路的型号和引脚排列。

（2）会用万用表检测集成电路的性能好坏。

### 2．实训器材

三端集成稳压器，三端可调式集成稳压器，NE555 多谐振荡器，LM324 运放，74LS138 译码器，CD4060 各 10 只，万用表 1 块。

### 3．实训内容

（1）电阻检测法。使用万用表的电阻挡测集成电路块的正、反偏电阻，数字表红表笔接其他各引脚，黑笔只撞碰（V_）GND 脚为正偏电阻，测出的阻值不应为 0 或∞。

（2）集成电路常用的检测方法有在线测量法和非在线测量法（裸式测量法）。

在线测量法：通过万用表检测集成电路在路（在电路中）直流电阻，对地交、直流电压及工作电流是否正常，以判断该集成电路是否损坏。这种方法是检测集成电路最常用和实用的方法。

非在线测量法：在集成电路未接入电路时，通过万用表测量集成电路各引脚对应于接地引脚之间的正、反向直流电阻值，然后与已知正常同型号集成电路各引脚之间的直流电阻值进行比较。

（3）电压检测法。对测试的集成电路通电，使用万用表的直流挡位，测量各引脚对地的电压，将测出的结果与参考资料比较，从而判断集成电路是否有问题。

### 4．实训评价

| 评价内容 | 要　　求 | | | | 配分 | 评分 |
|---|---|---|---|---|---|---|
| 纪律 | 不迟到，不早退，不旷课，不高声喧哗，不说粗话脏话 | | | | 5 分 | |
| 文明 | 各种型号集成电路芯片摆放整齐，不损坏元器件，不乱丢杂物，保持实训场地整洁 | | | | 10 分 | |
| 安全 | 元器件无人为破坏，仪器仪表无人为损坏 | | | | 10 分 | |
| 技能 | 集成电路 | 型　　号 | 引脚排列 | 对地电阻 | 性　　能 | 75 分 | |
| | | | | | | | |
| | | | | | | | |
| | | | | | | | |
| | | | | | | | |

# 第2章

# 常用电子仪器介绍

用于电子产品检验的仪器设备分为通用测量仪器设备和专用测量仪器设备。通用测量仪器设备可以用于对电子产品进行多项性能指标测试检验，也可以用于其他方面的测试；专用的测量仪器设备用于完成对某些电子产品的某些性能指标进行专项测试检验，如电视机彩色信号发生器。常用的电子产品测试仪器包括万用表、稳压源、示波器、函数信号发生器、晶体管特性测试仪和数字电桥等。

# 2.1 万 用 表

| 【学习导航】 | 本节知识内容主要使学生能认识指针式万用表（模拟万用表）和数字万用表，会应用万用表测试各种常用元器件的方法。 |
| --- | --- |

万用表是集电压表、电流表和欧姆表等于一体的便携式仪表，可分为模拟万用表与数字万用表两大类。万用表的功能有很多，主要用来测量电压、电流和电阻等的基本参数，使用者可以根据测量对象的不同，通过拨动万用表的挡位（量程）选择开关来进行选择。

## 2.1.1 模拟万用表

### 1. MF-47 型模拟万用表概述

模拟万用表的基本原理是利用一只灵敏的磁电式直流电流表（微安表）作表头，当微小电流通过表头，就会有电流指示，但是，表头不能通过大电流，因此，必须在表头上并联与串联一些电阻进行分流或分压，从而测出电路中的电流、电压和电阻。模拟万用表主要由表盘、转换开关、表笔和测量电路（内部）四部分组成，下面以 MF-47 型号为例介绍万用表的使用方法，MF-47 型模拟万用表外形如图 2-1 所示。

图 2-1    MF-47 型模拟万用表外形

## 2．MF-47 型模拟万用表技术指标

（1）直流电压：$0-0.25V-1V-10V-50V-250V-1000V-2500V$。

（2）交流电压：$0-10V-50V-250V-1000V-2500V$。

（3）直流电流：$0-50\mu A-0.5mA-5mA-50mA-500mA-10A$。

（4）电阻：$R\times1/R\times10/R\times100/R\times1k/R\times10k/R\times100k$。

（5）音频电平：$-10\sim+22dB$。

（6）hFE（晶体管放大倍数）：$0\sim1000$。

（7）电感：$20\sim1000H$（10ACV/50Hz）。

MF-47 型模拟万用表表盘刻度如图 2-2 所示，第一条刻度为电阻值刻度（读数时从右向左读）；第二条刻度为交、直流电压或电流值刻度（读数时从左向右读）；第三条刻度为交流电压 10V 挡，读此条刻度线；第四条刻度为 dB 指示的音频电平。

图 2-2    MF-47 型模拟万用表表盘刻度

### 3．模拟万用表的使用方法

（1）机械调零：使用前必须调节表盘上的机械调零螺钉，使表针指准零位。

（2）插孔选择：红表笔插入标有"+"符号的插孔，黑表笔插入标有"-"符号的插孔。

（3）物理量及量程选择：根据不同的被测物理量将转换开关旋至相应位置。

合理选择量程的标准为：测量电压和电流时，应使表针偏转至满刻度的 1/2 或 2/3 以上，测量电阻时，应使表针偏转至中心刻度的（1/10～10）倍。

（4）模拟万用表主要测试功能。

① 电阻测试：万用表调零后，测量电阻时，分别将红、黑表笔接在元件引脚的两端，读出万用表指针指示的读数。

② 直流电压或电流：需将万用表红表笔接正极，黑表笔接负极，测试电压并联，测试电流将万用表按照电路的极性正确地串联在电路中，读出读数即可。

③ 测量交流电压的方法：测量过程与测量直流电压的方法相同，只是当被测交流电压小于 10V 时，量程应选择 10V 挡，读出读数。

【注意】不能用电流挡去测量电压，以免烧坏万用表。

## 2.1.2　数字万用表

UT39C 型数字万用表的外形如图 2-3 所示。

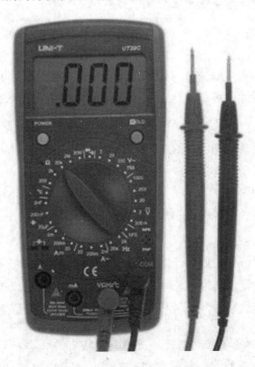

图 2-3　UT39C 型数字万用表外形

### 1. UT39C 型数字万用表概述

UT39C 型数字万用表是一种性能稳定、用电池驱动的高可靠性数字万用表。它可以用来测量直流电压和交流电压、直流电流和交流电流、电阻、电容、二极管、三极管、通断测试等参数。具有自动关机功能，开机后约 15 分钟未用自动切断电源，以防止仪表使用完毕忘关电源。

### 2. 数字万用表的使用方法

1）电阻测量

（1）将红表笔插入 VΩHz℃插孔，黑表笔插入 COM 插孔。

（2）将功能开关置于欧姆测量挡，并将表笔并联到被测电路上。

（3）从显示器上直接读取被测电阻值。

【注意】

（1）如果被测电阻开路或阻值超过仪表最大量程时，显示器将显示 1。

（2）当测量在线电阻时，在测量前必须先将被测电路内所有电源断开，并将所有电容器放尽残余电荷，才能保证测量正确。

（3）在低阻测量时，表笔会带来 0.1～0.2Ω 电阻的测量误差；为获得精确读数，应首先将表笔短路，记住短路显示值，在测量结果中减去表笔短路显示值，才能确保测量精度。

（4）如果表笔短路时的电阻值不小于 0.5Ω，应检查表笔是否有松脱现象或其他原因。

（5）测量 1MΩ 以上的电阻时，可能需要几秒后读数才会稳定，这对于高阻的测量属于正常现象，为了获得稳定读数尽量选用短的测试线。

2）交流直流电压测量

（1）将红表笔插入 VΩHz℃插孔，黑表笔插入 COM 插孔。

（2）将功能量程开关置于交流或直流电压测量挡，并将表笔并联到待测电源或负载上。

（3）从显示器上直接读取被测电压值，交流测量显示值为正弦有效值（平均值响应）。

【注意】

（1）仪表的输入阻抗均约为 10MΩ，这种负载在高阻抗的电路中会引起测量上的误差，大部分情况下如果电阻在 10kΩ 以下，误差可以忽略。

（2）不要输入高于 1000V 的电压，测量更高的电压是有可能的，但有损坏仪表的危险。

（3）在测量高电压时，要特别注意避免触电。

3）交直流电流测量

（1）将红表笔插入 "mA" 或 "A" 插孔，黑表笔插入 COM 插孔。

（2）将功能量程开关置于安培直流与交流电流测量挡，并将仪表表笔串联到待测电路中。

（3）从显示器上直接读取被测电流值，交流测量显示值为正弦波有效值（平均值响应）。

【注意】在仪表串联到待测回路之前，应先将回路中的电源关闭。

（1）测量时应使用正确的输入端口和功能挡位，如果不能估计电流的大小，应从高挡量程开始测量。

（2）大于 10A 电流测量时，由于安培输入端口没有设置保险丝，为了安全使用，每次测量时间应小于 10 秒，间隔时间应大于 15 分钟。

（3）当表笔插在电流端子上时，切勿把表笔测试针并联到任何电路上，会烧断仪表内部保险丝和损坏仪表。

4）二极管测量

（1）将红表笔插入 VΩHz℃插孔，黑表笔插入 COM 插孔，红表笔极性为正，黑表笔极性为负。

（2）将功能开关置于标有二极管符号标记的挡位，红表笔接到被测二极管的正极，黑表笔接到二极管的负极。

（3）从显示器上直接读取被测二极管的近似正向 PN 结压降值，单位为 mV，对硅 PN 结而言，一般为 500～800mV 确认为正常值，锗管为 150～300mV。

（4）如果被测二极管开路或极性反接时，显示为“1”。

【注意】

（1）当测量在线二极管时，在测量前必须首先将被测电路内所有电源关闭，并将所有电容器放尽残余电荷。

（2）二极管测试开路电压约为 3V。

（3）不要输入高于直流 60V 或交流 30V 以上的电压，避免伤害人身安全。

5）电容器测量

（1）将功能开关置于电容量程挡。

（2）将待测电容插入电容测试输入端，如果超量程，LCD 上显示“1”，需要调高量程。

（3）从显示器上读取数值。

【注意】

（1）如果被测电容短路或容值超过仪表的最大量程，LCD 显示器将显示“1”。

（2）所有的电容在测试前必须全部放尽残余电荷。

（3）大于 10μF 的电容，测量时，会需要较长的时间，属正常现象。

（4）如果被测电容为有极性电容，测量时应按面板上输入插座上方的提示符将被测电容的引脚正确地与仪表连接。

（5）不要输入高于直流 60V 或交流 30V 以上的电压，避免伤害人身安全。

6）频率测试

（1）将红表笔插入 VΩHz℃插孔，黑表笔插入 COM 插孔。

（2）将功能开关置于 kHz 量程，将测试表笔接到待测试电路上。

（3）从显示器上读取显示结果。

7）温度测试

（1）将电热偶传感器冷端的“+”“-”极分别插入 VΩHz℃插孔和 COM 插孔。

（2）将功能开关置于“℃”量程，热电偶的工作端置于待测物上面或内部。

（3）从显示器上读取数值，单位为℃。

8）三极管 $h_{FE}$ 测量

（1）将量程开关置于 $h_{FE}$ 挡。

（2）判断所测晶体管为 NPN 型或 PNP 型，将发射极、基极、集电极分别插入相应插孔█。

（3）从显示器上直接读取被测三极管 $h_{FE}$ 近似值。

9）数据保持 HOLD

在任何测量情况下，当按下 HOLD 键时，仪表显示随即保持测量结果，再按一次 HOLD 键时，仪表显示保持测量结果自动解锁，随机显示当前测量结果。

10）自动关机功能

当连续测量时间超过约 15 分钟，显示器将消隐显示，仪表进入微功耗休眠状态，如果唤醒仪表重新工作，连续按两次 POWER 键即可。

## 实训 1　万用表的识别与使用

### 1．实训目标

（1）能识别常用万用表的型号和面板功能。

（2）会用万用表检测各种元器件参数，会测试电子电路的交、直流电压和电流参数。

### 2．实训器材

模拟万用表 1 块，数字万用表 1 块，各种元器件若干，电子电路若干。

### 3．实训内容

（1）测试各种元器件性能参数。

（2）测试电子电路的交流电压和电流参数。

（3）测试电阻电路的直流电压和电流参数。

# 2.2　数字示波器

【学习导航】　　本节知识内容主要使学生能认识数字示波器，会应用示波器测试各种波形的参数。

随着数字电路、大规模集成电路及微处理器技术的发展，尤其是高速模/数（A/D）转换器及半导体存储器（RAM）技术的发展，出现了数字示波器。它将模拟信号数字化，存储于半导体存储器中，主要用于捕获和存储单次或瞬变信号。

## 2.2.1 数字示波器面板介绍

### 1. UNI-T2000 系列数字示波器功能检查

UNI-T2000 系列数字示波器外形如图 2-4 所示。

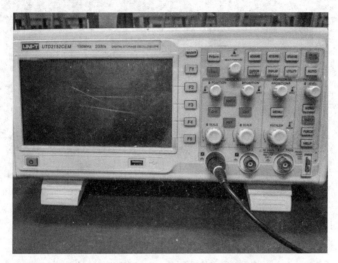

图 2-4　UNI-T2000 系列数字示波器外形

（1）数字示波器接通电源后，按下电源开关，等待仪器正常启动。

（2）将示波器探头连接到通道 1，将探头接到 PROBECOMP（探头补偿）连接片。

（3）按下 AUTO（自动设置）键，显示屏上应出现方波（约 3Vpp，1kHz），如图 2-5 所示。则说明示波器可以正常使用。

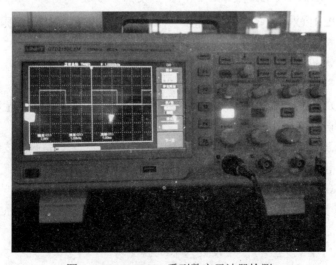

图 2-5　UNI-T2000 系列数字示波器检测

## 2．UNI-T2000 系列数字示波器面板介绍

UNI-T2000 系列数字示波器面板如图 2-6 所示。

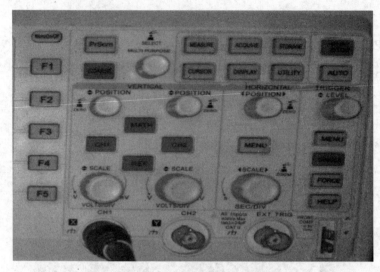

图 2-6　UNI-T2000 系列数字示波器面板

（1）MEASURE（测量）：执行自动波形测量。

（2）ACQUIRE（采集）：设置示波器的采样方式。

（3）STORAGE（存储）：将波形保存到内存或 USB 或从中调出。

（4）CURSOR（光标）：激活光标，进行手动光标测量。

（5）DISPLAY（显示）：设置波形格式、类型。

（6）UTILITY（功能）：激活系统工具，如配置系统等。

（7）HORIZONTAL MENU（水平菜单）：设置视窗扩展和触发释抑。

（8）TRIGGER MENU（触发菜单）：调整触发部分参数。

（9）MULTI PURPOSE（多用途旋钮）：移动光标；设置某些菜单项的数字参数值或多选项菜单；按下该按钮进行确认等。

（10）VERTICAL POSITION（垂直位移）：移动所选波形的垂直位置。按下该旋钮则通道显示位置回到屏幕垂直中点。

（11）HORIZONTAL POSITION（水平位移）：移动触发点的水平显示位置。按下该旋钮则预触发点回到屏幕水平中点。

（12）TRIGGER LEVEL（触发电平）：调整波形的触发点。按下该按钮将触发电平设为50%或垂直参考零电平。

（13）RUN/STOP（运行/停止）：运行和停止对波形的数据采集。

（14）AUTO（自动设置）：根据输入信号，可以自动调整垂直刻度系数、扫描时基，以及触发方式直至最合适的波形显示。

（15）SINGLE（单次）：将仪器设置为单次触发模式。

（16）FORCE（强制触发）：强制进行一个立即触发事件。

（17）HELP（帮助）：打开后对各菜单进行详细说明。

（18）HORIZONTAL SCALE（水平时基挡）：调整水平刻度系数。

（19）CH1（通道 1）、CH2（通道 2）：打开/关闭所选通道。

（20）MATH（数学）：打开/关闭数学功能。

（21）REF（参考）：显示参考波形菜单。

（22）PrScrn（屏幕复制）：将屏幕显示内容复制到 U 盘中。

（23）COARSE（粗调）：光标和多用途旋钮的粗细调节控制。

（24）启动按钮：打开/关闭仪器。

（25）USB-HOST：用于连接 U 盘。

## 2.2.2　垂直系统、水平系统与触发系统

### 1. 垂直系统

如图 2-7 所示，在垂直控制区有一系列的按键和旋钮。移位旋钮 POSITION 可垂直移动波形，按下该旋钮则通道显示位置回到屏幕垂直中点。CH1、CH2、REF、MATH 键显示垂直通道操作菜单，打开或关闭通道显示波形；SCALE 设置垂直刻度系数。

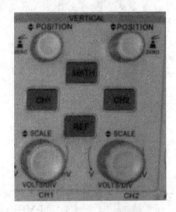

图 2-7　垂直控制区

（1）按下垂直位移旋钮 POSITION 使波形在窗口居中显示信号，调节垂直位置旋钮 POSITION 控制信号的垂直显示位置，当旋动垂直位置旋钮 POSITION 时，通道的地电平（GROUND）参考标识跟随波形而上下移动。

（2）改变垂直系统设置，并观察状态信息变化。可以通过波形窗口下方的状态栏显示信息，确定任何垂直挡位的变化。旋动垂直 SCALE 旋钮改变"VOLTS/DIV"垂直刻度系数，可以发现状态栏对应通道的垂直刻度系数显示发生了相应的变化。按 CH1、CH2、REF、MATH 键，屏幕显示对应通道的操作菜单、标志、波形和挡位状态信息。

【注意】如果通道耦合方式为 DC，可以通过观察波形与信号地电平之间的距离来快速测量信号的直流分量；如果耦合方式为 AC，信号里面的直流分量被滤除，这种方式方便用更高的灵敏度显示信号的交流分量。

### 2. 水平系统

水平控制区如图 2-8 所示，位移旋钮 POSITION 移动所有通道及 REF 波形的水平位置，按下此旋钮可快速回到中点；MENU 水平菜单，显示视窗和释抑时间；SCALE 设置水平扫描时基"SEC/DIV"的刻度系数。

（1）使用水平 SCALE 旋钮改变水平时基挡位设置，并观察状态信息变化。转动 SCALE 旋钮改变"SEC/DIV"时基挡位，可以发现状态栏对应的时基挡位显示发生了相应的变化。

（2）使用水平 POSITION 旋钮调整信号在波形窗口的水平位置。转动水平 POSITION 旋钮时，可以观察到波形随旋钮而水平移动，按下此旋钮可使触发点回到水平中点。

（3）按下【MENU】键，显示 ZOOM 菜单。在此菜单下，按【F3】键可以开启扩展视窗，再按下【F1】键可以关闭扩展视窗而回到主视窗，在此菜单下，还可以通过旋转 MULTI PURPOSE 来设置触发释抑时间。

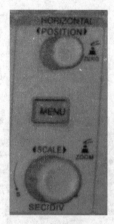

图 2-8　水平控制区

### 3. 触发系统

如图 2-9 所示，在触发菜单控制区有一个旋钮和三个按键。触发电平旋钮 LEVEL，在使用边沿、脉宽、斜率触发类型时，旋转触发电平旋钮 LEVEL 设定触发信号产生触发的触发条件，按下触发电平旋钮 LEVEL 可以快速设定触发电平为触发信号的垂直中点（50%），再次按下此旋钮可以使触发电平设置为零。按 MENU 键，显示触发菜单内容。

（1）使用触发电平旋钮 LEVEL 改变触发电平，可以在屏幕上观察到触发标志来指示触发电平线，随旋钮转动而上下移动，在移动触发电平的同时，可以观察到在屏幕下部的触发电平数值相应变化。

（2）使用 TRIGGER MENU，可以改变触发设置，如图 2-10 所示。

① 按下【F2】键，选择"信源"为 CH1（通过 MULTI PURPOSE 旋钮进行选择，并按下 MULTI PURPOSE 旋钮确定选择或通过触控操作直接选择）。

② 按下【F3】键再按【F1】键，设置触发耦合为"直流"。

③ 按下【F4】键再按【F1】键，设置触发方式为"自动"。

④ 按下【F5】键再按【F2】键，设置斜率类型为"上升"。

图 2-9　触发控制区　　　　　　　　　　　图 2-10　触发设置

【注意】"ZERO"标识位移旋钮的辅助功能，按下后快速回到中点；"SELECT"标识 MULTI PURPOSE 旋钮的辅助功能，按下后确认选中；"ZOOM"标识进入视窗扩展的快捷方式，按下后进入视窗显示模式。

## 2.2.3　仪器设置

### 1. 设置通道耦合

以信号施加到 CH1 通道为例，假如被测信号是含有直流分量的正弦信号。如图 2-11 所示，按下【F1】键再使用 MULTI PURPOSE 旋钮选择交流 1MΩ，设置为交流耦合方式，则被测信号中的直流分量被阻隔；同理，可选择直流 1MΩ，设置为直流耦合方式，则输入到 CH1 通道被测信号的直流分量和交流分量都可以通过；按下【F1】键再按【F3】键选择通道耦合为接地，设置通道耦合为接地方式。

图 2-11　耦合通道设置

【注意】在接地耦合方式下，尽管屏幕上不显示波形，但输入信号仍与通道电路保持连接。

### 2. 设置通道带宽限制

如果被测信号是含有高频的信号，以 CH1 通道为例，打开 CH1 通道，然后按下【F2】键，再按【F1】键，此时通道的带宽为全带宽，即被测信号含有的高频分量都可以通过；按下【F2】键，再按【F3】键，则高于 20MHz 的噪声和高频分量被限制。

### 3. 设定探头倍率

为了配合探头的衰减系数设定，需要在通道操作菜单中相应设置探头衰减系数。如果探头衰减系数为 10：1，则通道菜单中探头系数相应设置成 10X，以确保电压读数正确，如图 2-12 所示。

### 4. 垂直刻度系数伏/格设置

垂直刻度系数伏/格挡位调节，分为粗调和细调两种模式。在粗调时，伏/格范围为 2mV/div～10V/div；细调时，在当前垂直挡位范围内以更小的步进改变垂直刻度系数，从而实现垂直刻度系数在 2mV/div～10V/div 内无间断地连续可调，如图 2-13 所示。

图 2-12　探头设置

图 2-13　垂直刻度系数设置

### 5. 波形反相的设置

波形反相，显示信号的相位翻转 180°，如图 2-14 所示的原波形和图 2-15 所示的反相后波形。

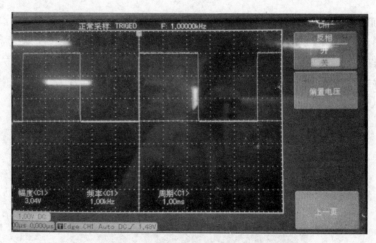

图 2-14　原波形

### 6. 偏置电压设置

被测信号中的直流分量相对于其交流分量的幅值很大时，观察波形会很不方便。此时，可以使用偏置电压功能来抵消信号的直流分量，使信号更好地显示在屏幕中。进入偏置电压功能菜单后通过 MULTIPURPOSE 旋钮设置偏置电压值，通过偏置电压值可以计算信号直流分量，如图 2-16 所示。

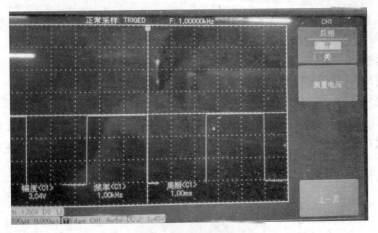

图 2-15　反相后波形

图 2-16　偏置电压设置

## 实训 2　数字示波器的识别与使用

### 1．实训目标

（1）能识别常用示波器的型号和面板功能。

（2）会用测试电路的波形和参数。

### 2．实训器材

数字示波器 1 台，函数信号发生器 1 台，电子电路若干。

### 3．实训内容

观察电路中未知信号，迅速显示和测量信号的频率和峰峰值。

（1）欲迅速显示某信号，操作步骤如下。

① 将探头菜单衰减系数设定为 10X，并将探头上的开关设定为 10X。

② 将 CH1 的探头连接到电路被测点（或者函数信号发生器输出端）。

③ 按下【AUTO】键。

示波器将自动设置使波形显示达到最佳，在此基础上，也可以进一步调节水平、垂直挡位，直至波形显示符合要求。

（2）自动测量信号的电压和时间参数。

① 按下【MEASURE】键，以显示自动测量菜单。

② 按下【F2】键，进入测量菜单种类选择。

③ 使用 MULTIPURPOSE 旋钮选择峰峰值，按下旋钮确定，然后再选择频率。

④ 按下【F5】键，退出选择框，此时，峰峰值和频率测量值分别显示在屏幕下方。

# 2.3　函数/任意波形发生器

| 【学习导航】 | 本节知识内容主要使学生能认识 TFG6960A 函数/任意波形发生器面板功能，会应用 TFG6960A 函数/任意波形发生器输出需要的各种参数波形。 |
| --- | --- |

TFG6960A 函数/任意波形发生器采用直接数字合成技术（DDS），大规模集成电路（FPGA），软核嵌入式系统（SOPC）。具有优异的技术指标和强大的功能特性，能够快速地完成各种测量工作。大屏幕彩色液晶显示界面可以显示出波形图和多种工作参数，简单易用的键盘和旋钮更便于仪器的操作。

## 2.3.1　TFG6960A 函数/任意波形发生器面板介绍

### 1. 主要特性

TFG6960A 函数/任意波形发生器主要特性如下。

（1）双通道输出：具有 A、B 两个独立的输出通道，两个通道特性相同。

（2）双通道操作：两个通道频率、幅度和偏移可联动输入，两个通道输出可叠加。

（3）波形特性：具有 5 种标准波形，5 种用户波形和 50 种内置任意波形。

（4）波形编辑：可以使用键盘编辑或计算机波形编辑软件下载用户波形。

（5）频率特性：频率精度为 50ppm，分辨率为 1μHz。

（6）幅度偏移特性：幅度和偏移精度为 1%，分辨率为 0.2mV。

（7）方波锯齿波：可以设置精确的方波占空比和锯齿波对称度。

（8）脉冲波：可以设置精确的脉冲宽度。

（9）相位特性：可以设置两路输出信号的相位和极性。

（10）调制特性：可以输出 FM、AM、PM、PWM、FSK、BPSK、SUM 调制信号。

（11）频率扫描：可以输出线性或对数频率扫描信号，频率列表扫描信号。

（12）猝发特性：可以输出设置周期数的猝发信号和门控输出信号。

（13）存储特性：可以存储和调出 5 组仪器工作状态参数，5 个用户任意波形。

（14）同步输出：在各种功能时具有相应的同步信号输出。

（15）外部调制：在调制功能时可以使用外部调制信号。

（16）外部触发：在 FSK、BPSK、扫描和猝发功能时可以使用外部触发信号。

（17）外部时钟：具有外部时钟输入和内部时钟输出。

（18）计数器功能：可以测量外部信号的频率、周期、脉宽、占空比和周期数。

（19）计算功能：可以选用频率值或周期值、幅度峰峰值、有效值或 dBm 值。

（20）操作方式：全部按键操作、彩色液晶显示屏、键盘设置或旋钮调节。

（21）通信接口：配置 RS232 接口、USB 设备接口、U 盘存储器接口。

TFG6960A 函数/任意波形发生器，采用大规模集成电路，表面贴装工艺等技术，具有可靠性高，使用寿命长，输出信号的频率、幅度直接数字显示等特点。

**2. 面板功能**

（1）接通电源。仪器在符合电压为 AC 100～240V，频率为 45～65Hz，功耗小于 30VA，温度为 0～40℃，湿度小于 80%的使用条件时，才能开机使用。然后，将电源插头插入交流 100～240V 带有接地线的电源插座中，按下后面板上电源插座下面的电源总开关，仪器前面板上的电源按钮开始缓慢地闪烁，表示已经与电网连接，但此时仪器仍处于关闭状态。按下前面板上的电源按钮，电源接通，仪器进行初始化，装入上电设置参数，进入正常工作状态。输出连续的正弦波形，并显示出信号的各项工作参数。

（2）前后面板介绍。如图 2-17 所示，前面板主要功能如下。

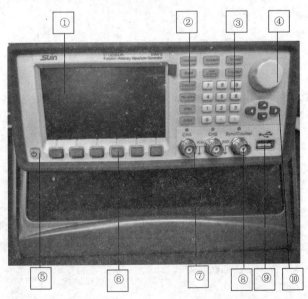

①—显示屏；②—功能键；③—数字键；④—调节旋钮；⑤—电源按钮；⑥—菜单软键；

⑦—CHA、CHB 输出；⑧—同步输出/计数输入；⑨—U 盘插座；⑩—方向键

图 2-17　TFG6960A 函数/任意波形发生器前面板

（3）后面板介绍。TFG6960A 函数/任意波形发生器后面板如图 2-18 所示，主要功能如下。

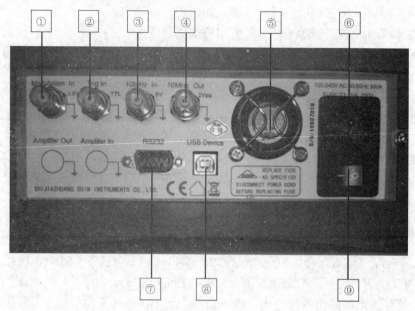

①—外调制输入；②—外触发输入；③—外时钟输入；④—内时钟输出；⑤—排风扇；

⑥—电源插座；⑦—RS232 接口；⑧—USB 接口；⑨—电源总开关

图 2-18　TFG6960A 函数/任意波形发生器后面板

## 2.3.2　TFG6960A 函数/任意波形发生器使用方法

### 1．通道选择

按【CHA/CHB】键可以循环选择两个通道，被选中的通道，其通道名称、工作模式、输出波形和负载设置的字符变为绿色显示。使用菜单可以设置该通道的波形和参数，按【Output】键可以循环开通或关闭该通道的输出信号 TFG6960A 函数/任意波形发生器。

### 2．波形选择

按【Waveform】键，显示出波形菜单，按【第"x"页】软键，可以循环显示出 15 页 60 种波形，如图 2-19 所示的是正弦波选择，选中波形成粉色显示，选中通道成绿色显示。按菜单软键选中一种波形，波形名称会随之改变，在"连续"模式下，可以显示出波形示意图。按【返回】软键，恢复到当前菜单。

### 3．占空比设置

如果选择【方波】软键，要将方波占空比设置为 30%，如图 2-20 所示，可按下列步骤操作。

（1）按【占空比】软键，屏幕即显示　　　所对应下方的软键，占空比参数变为绿色显示。

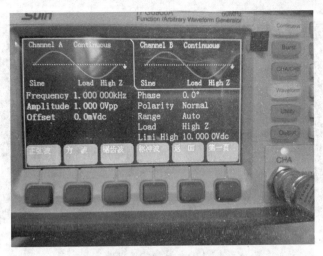

图 2-19　正弦波选择

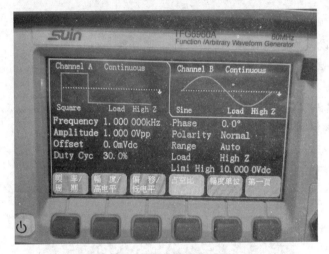

图 2-20　方波占空比设置

（2）按数字键【3】【0】输入参数值，按【%】软键，绿色参数显示 30%。

（3）仪器按照新设置的占空比参数输出方波，也可以使用旋钮和【＜】【＞】键连续调节输出波形的占空比。

#### 4．频率设置

如果要将频率设置为 1.5kHz，可按下列步骤操作。

（1）按【频率/周期】软键，可以进行频率或周期的切换，如果选择为频率，则频率参数变为绿色显示。

（2）按数字键【1】【·】【5】输入参数值，按【kHz】软键，绿色参数显示为 1.500 000kHz，如果改变数值，可以按【Cancel】软键，如图 2-21（a）所示，频率显示如图 2-21（b）所示。

（3）仪器按照设置的频率参数输出波形，也可以使用旋钮和【＜】【＞】键连续调节输出波形的频率。

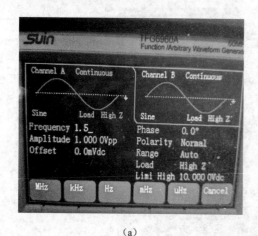 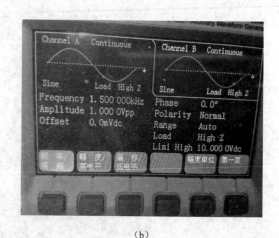

| (a) | (b) |

图 2-21　波形频率调节

### 5. 幅度设置

如果要将幅度设置为 3.5Vrms，可按下列步骤操作。

（1）按【幅度/高电平】软键，可以进行幅度和高电平的切换，如果选择为幅度，则幅度参数变为绿色显示。

（2）按数字键【3】【·】【5】输入参数值，按【Vrms】软键，绿色参数显示为 3.500 0Vrms，也可以按【Cancel】键重新设置参数，如图 2-22 所示。

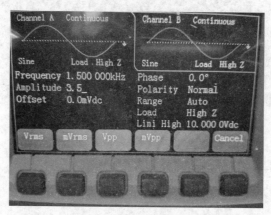

图 2-22　幅度设置

（3）仪器按照设置的幅度参数，按下 Output 键输出波形，也可以使用旋钮和【＜】【＞】键连续调节输出波形的幅度。

### 6. 偏移设置

如果要将直流偏移设置为-15mVdc，如图 2-23 所示，可按下列步骤操作。

（1）按【偏移/低电平】软键，偏移参数变为绿色显示。

（2）按数字键【-】【1】【5】输入参数值，按【mVdc】软键，绿色参数显示为-15.0mVdc。

（3）仪器按照设置的偏移参数输出波形的直流偏移，也可以使用旋钮和【＜】【＞】键连续调节输出波形的直流偏移。

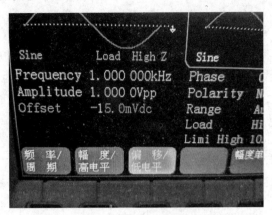

图 2-23　直流偏移设置

### 7．幅度调制

如果要输出一个幅度调制波形，载波频率为 10kHz，调制深度为 80%，调制频率为 20Hz，调制波形为三角波，可按下列步骤操作。

（1）按【Modulate】键，默认选择频率调制模式，按【调制类型】软键，显示出调制类型菜单，按【幅度调制】软键，工作模式显示为 AM Modulation，波形示意图显示为调幅波形，同时显示出 AM 菜单。

（2）按【频率】软键，频率参数变为绿色显示。按数字键【1】【0】，再按【kHz】软键，将载波频率设置为 10.000 00kHz。

（3）按【调幅深度】软键，调制深度参数变为绿色显示。按数字键【8】【0】，再按【%】软键，将调制深度设置为 80%。

（4）按【调制频率】软键，调制频率参数变为绿色显示。按数字键【2】【0】，再按【Hz】软键，将调制频率设置为 20.000 00Hz。

（5）按【调制波形】软键，调制波形参数变为绿色显示。按【Waveform】键，再按【锯齿波】软键，将调制波形设置为锯齿波。按【返回】软键，返回到幅度调制菜单。

（6）仪器按照设置的调制参数输出一个调幅波形，也可以使用旋钮和【<】【>】键连续调节各调制参数。

### 8．叠加调制

如果要在输出波形上叠加噪声波，叠加幅度为 20%，可按下列步骤操作。

（1）按【Modulate】键，默认选择频率调制模式，按【调制类型】软键，显示出调制类型菜单，按【叠加调制】软键，工作模式显示为 Sum Modulation，波形示意图显示为叠加波形，同时显示出叠加调制菜单。

（2）按【叠加幅度】软键，叠加幅度参数变为绿色显示。按数字键【2】【0】，再按【%】软键，将叠加幅度设置为 20%。

（3）按【调制波形】软键，调制波形参数变为绿色显示。按【Waveform】键，再按【噪声波】软键，将调制波形设置为噪声波。按【返回】软键，返回到叠加调制菜单。

（4）仪器按照设置的调制参数输出一个叠加波形，也可以使用旋钮和【<】【>】键连续调节叠加噪声的幅度。

### 9．频移键控

如果要输出一个频移键控波形，跳变频率为100Hz，键控速率为10Hz，如图2-24所示，可按下列步骤操作。

（1）按【Modulate】键，默认选择频率调制模式，按【调制类型】软键，显示出调制类型菜单，按【频移键控】软键，工作模式显示为 FSK Modulation，波形示意图显示为频移键控波形，同时显示出频移键控菜单。

（2）按【跳变频率】软键，跳变频率变为绿色显示。按数字键【1】【0】【0】，再按【Hz】软键，将跳变频率设置为100.000 0Hz。

（3）按【键控速率】软键，键控速率参数变为绿色显示。按数字键【1】【0】，再按【Hz】软键，将键控速率设置为10.000 00Hz。

（4）仪器按照设置的调制参数输出一个 FSK 波形，也可以使用旋钮和【<】【>】键连续调节跳变频率和键控速率。

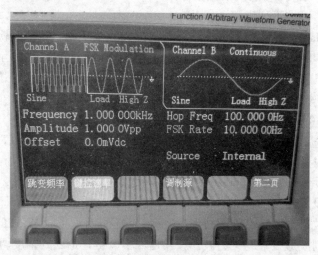

图 2-24　频移键控设置

### 10．频率扫描

如果要输出一个频率扫描波形，扫描周期时间为8s，对数扫描，可按下列步骤操作。

（1）按【Sweep】键进入扫描模式，工作模式显示为 Frequency Sweep，并显示出频率扫描波形示意图，同时显示出频率扫描菜单。

（2）按【扫描时间】软键，扫描时间参数变为绿色显示。按数字键【8】，再按【s】软键，将扫描时间设置为8.000s。

（3）按【扫描模式】软键 扫描模式，扫描模式变为绿色显示，扫描方式有两种，分别是对数扫描方式（Logarithm）Sweep Mode Logarithm 和线性扫描方式（Linear）Sweep Mode Linear，如图2-25所示，将扫描模式选择为对数扫描。

（4）仪器按照设置的扫描时间参数输出扫描波形，可以用示波器观察波形输出效果。

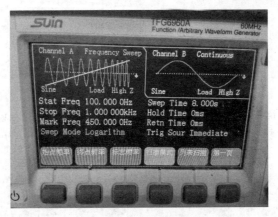

图 2-25　频率扫描设置

### 11．猝发输出

如果要输出一个猝发波形，猝发周期为 10ms，猝发计数为 5 个周期，连续或手动单次触发，可按下列步骤操作。

（1）按【Burst】键进入猝发模式，工作模式显示为 Burst，并显示出猝发波形示意图，同时显示出猝发菜单。

（2）按【猝发模式】软键，猝发模式参数变为绿色显示。将猝发模式选择为触发模式 Triggered。

（3）按【猝发周期】软键，猝发周期参数变为绿色显示。按数字键【1】【0】，再按【ms】软键，将猝发周期设置为 10.000ms。

（4）按【猝发计数】软键，猝发计数参数变为绿色显示。按数字键【5】，再按【Ok】软键，将猝发计数设置为 5。

（5）仪器按照设置的猝发周期和猝发计数参数连续输出猝发波形。

（6）按【触发源】软键，触发源参数变为绿色显示。将触发源选择为外部源 External，猝发输出停止。

（7）按【手动触发】软键，每按一次，仪器猝发输出 5 个周期波形，猝发设置如图 2-26 所示，示波器观察某一时刻猝发输出波形如图 2-27 所示。

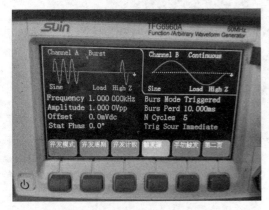

图 2-26　猝发设置

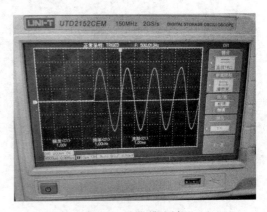

图 2-27　猝发输出波形

### 12. 频率耦合

如果要使两个通道的频率相耦合（联动），可按下列步骤操作。

（1）按【Dual Channel】键选择双通道操作模式，显示出双通道菜单。

（2）按【频率耦合】软键，频率耦合参数变为绿色显示。将频率耦合选择为 On。

（3）按【Continuous】键选择连续工作模式，如图 2-28 所示，设置 A 通道的频率值为 2.000 00kHz，B 通道的频率值也随着变化为 2.000 00kHz，如图 2-29 所示，两个通道输出信号的频率联动同步变化，可以用示波器观察两个通道波形频率完全相同。

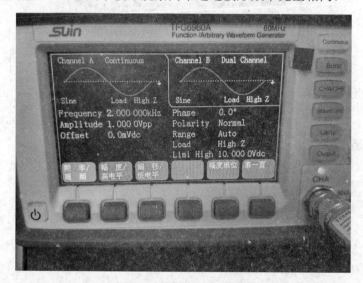

图 2-28　频率耦合 A 通道

图 2-29　频率耦合 B 通道

### 13. 存储和调出

如果要将仪器的工作状态存储起来，可按下列步骤操作。

（1）按【Utility】键，显示出通用操作菜单。

（2）按【状态存储】软键，存储参数变为绿色显示。按【用户状态 0】软键，将当前的工作状态参数存储到相应的存储区，存储完成后显示出 Stored。

（3）按【状态调出】软键，调出参数变为绿色显示。按【用户状态 0】软键，将相应存储区的工作状态参数调出，并按照调出的工作状态参数进行工作。

### 14．计数器

如果要测量一个外部信号的频率，可按下列步骤操作。

（1）按【Counter】键，进入计数器工作模式，显示出波形示意图，同时显示出计数器菜单。

（2）在仪器前面板的【Sync/Counter】端口输入被测信号。

（3）按【频率测量】软键，频率参数变为绿色显示。仪器测量并显示出被测信号的频率值。

（4）如果输入信号为方波，按【占空比】软键，仪器测量并显示出被测信号的占空比值。

## 实训 3　TFG6960A 函数/任意波形发生器的识别与使用

### 1．实训目标

（1）能识别 TFG6960A 函数/任意波形发生器的型号和面板功能。

（2）会用 TFG6960A 函数/任意波形发生器输出电路需要参数的波形。

### 2．实训器材

数字示波器 1 台，函数信号发生器 1 台，电子电路若干。

### 3．实训内容

（1）用 TFG6960A 函数/任意波形发生器输出占空比为 30%方波，并用示波器进行观察输出波形参数。

（2）用 TFG6960A 函数/任意波形发生器输出频率为 2.500 000kHz 的正弦波，并用示波器进行观察输出波形参数。

（3）用 TFG6960A 函数/任意波形发生器输出一个频移键控波形，跳变频率为 100Hz，键控速率为 20Hz，并用示波器进行观察输出波形参数。

（4）用 TFG6960A 函数/任意波形发生器输出一个猝发波形，猝发周期为 20ms，猝发计数为 6 个周期，连续或手动单次触发，并用示波器进行观察输出波形效果。

（5）用 TFG6960A 函数/任意波形发生器输出两个通道频率相耦合的波形，耦合频率为 2.500 00kHz，并用示波器进行观察双通道输出波形参数。

# 2.4 LCR 数字电桥

【学习导航】　本节知识内容主要使学生能认识TH2811E型LCR数字电桥面板功能，会应用 TH2811E 型 LCR 数字电桥测试各种元器件参数。

　　TH2811E 型 LCR 数字电桥是一种以微处理技术为基础的自动测量电感量 L、电容量 C、电阻值 R、品质因数 Q、损耗角切值 D 的智能元件参数测量仪器，对元件测量的质量和可靠性的提高有莫大的帮助，广泛应用于工厂、院校、计量质检部门等对各类元件的电桥参数进行较为精确的测量。

## 2.4.1 TH2811E 型 LCR 数字电桥面板介绍

　　TH2811E 型 LCR 数字电桥前面板功能如图 2-30 所示。

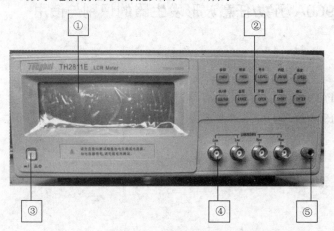

图 2-30　TH2811E 型 LCR 数字电桥前面板功能

主要功能如下。

　　① LCD 液晶显示屏：显示测量结果，测量条件等信息。

　　② 按键：

　　a. PARA 键：测量参数选择。

　　b. FREQ 键：频率设定键。

　　c. LEVEL 键：电平选择键。

　　d. 30/100 键：信号源内阻选择键。

　　e. SPEED 键：测量速度选择键。

　　f. SER/PAR 键：串并联等效方式选择。

g. 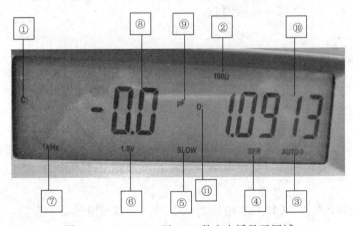　键：量程锁定/自动设定键。

h. 　键：开路清零键。

i. 　键：短路清零键。

j. 　键：开路/短路清零确认键。

③ 电源开关：当开关处于位置"I"时，接通仪器电源；当开关处于"O"时，切断仪器电源。

④ 测试端（UNKNOWN）：四个测试端，用于连接四端测试夹具或测试电缆，对被测件进行测量。

a. $H_{CUR}$：电流激励高端。

b. $H_{POT}$：电压取样高端。

c. $L_{POT}$：电压取样低端。

d. LCUR：电流激励低端。

⑤ 机壳接地端：该接地端与仪器机壳相连，可以用于保护或屏蔽接地连接。

## 2.4.2　TH2811E 型 LCR 数字电桥显示区域定义

TH2811E 型 LCR 数字电桥的显示屏显示的内容被划分为如图 2-31 所示的显示区域。

图 2-31　TH2811E 型 LCR 数字电桥显示区域

① 主参数指标：指示用户选择测量元件的主要参数类型。

"L："点亮为电感测量值；"C："点亮为电容值测量；"R："点亮为电阻值测量；"Z："点亮为阻抗值测量。

② 信号源内阻显示："30Ω"点亮表示信号源内阻为 30Ω；"100Ω"点亮表示信号源内阻为 100Ω。

③ 量程指标：指示当前量程状态和当前量程号。

"AUTO"点亮表示量程自动状态，仪器自动选择测试量程；"AUTO"熄灭表示量程保持状态，仪器固定在某一量程进行测量。

④ 串并联模式指示："SER"点亮表示串联等效电路的模式；"PAR"点亮表示并联等

效电路的模式。

由于实际电感、电容、电阻并非理想的纯电抗或电阻元件，而是以串联或并联形式呈现一个复阻抗元件，因此 TH2811E 型 LCR 数字电桥根据串联或并联等效电路计算其所需值，不同等效电路将得到不同结果。

**【注意】**通常对于低值阻抗元件（基本是高值电容和低值电感）使用串联等效电路，反之，对于高值阻抗元件（基本是低值电容和高值电感）使用并联等效电路。

⑤ 测量速度显示："FAST"点亮表示快速测试，每秒约 12 次；"MED"点亮表示中速测试，每秒约 5.1 次；"SLOW"点亮表示慢速测试，每秒约 2.5 次。

⑥ 测量信号电平指示："0.3V"表示当前测试信号电压为 0.3V；"1.0V"表示当前测试信号电压为 1.0V。

⑦ 测量信号频率指示："100Hz"点亮表示当前测试信号频率为 100Hz；"120Hz"点亮表示当前测试信号频率为 120Hz；"1kHz"点亮表示当前测试信号频率为 1kHz；"10kHz"点亮表示当前测试信号频率为 10kHz。

⑧ 主参数测试结果显示：显示当前测量主参数值。

⑨ 主参数单位显示：用于显示主参数测量结果的单位。

电感单位为 μH、mH、H；电容单位为 pF、nF、μF、mF；电阻/阻抗单位：Ω、kΩ、MΩ。

⑩ 副参数测试结果显示：指示当前测量副参数值。

"$D$"表示损耗；"$Q$"表示品质因数。

# 实训 4　TH2811E 型 LCR 数字电桥的识别与使用

## 1. 实训目标

（1）能识别 TH2811E 型 LCR 数字电桥面板功能。

（2）根据元件参数正确调试数字电桥参数，并准确读出 TH2811E 型 LCR 数字电桥显示区域的参数。

（3）会用 TH2811E 型 LCR 数字电桥测试电阻、电容和电感器的参数。

## 2. 实训器材

TH2811E 型 LCR 数字电桥 1 台，不同阻值电阻 10 只，各种型号电容器 10 只，各种参数电感器 10 只。

## 3. 实训内容

1）参数设定

TH2811E 型 LCR 数字电桥在一个测试循环内可同时测量被测阻抗的两个不同的参数组合，主参数和副参数如下所示。

（1）主参数：$L$ 为电感量；$C$ 为电容量；$R$ 为电阻值；|$Z$|为阻抗的模。

（2）副参数：$D$ 为损耗因数；$Q$ 为品质因素。

（3）测量参数组合：TH2811E 型 LCR 数字电桥提供四种测量参数组合，分别为：$L\text{-}Q$，$C\text{-}D$，$R\text{-}Q$ 和 $Z\text{-}Q$。

**【注意】**

① $Z$ 取绝对值，$L/C/R$ 有正负。

② $C\text{-}D$ 测量时，主参数显示 "−"，则实际被测器件呈感性。

③ $L\text{-}Q$ 测量时，主参数显示 "−"，则实际被测器件呈容性。

④ $R\text{-}Q$ 测量时，出现 $R$ 为 "−" 情况，是由于过度清零所致，要正确清零。

（4）设定参数操作步骤。

① 假设仪器当前的测量参数为 $L\text{-}Q$，则主参数显示 "L："，副参数显示 "Q："。

② 按下参数键 PARA，测量参数改变为 $C\text{-}D$，主参数显示 "C："，副参数显示 "D："。

③ 同理，重复按 PARA 键，可将测量参数改变为 $R\text{-}Q$ 或 $Z\text{-}Q$，直至当前测量参数为所需要的测量参数。

2）频率设定

TH2811E 型 LCR 数字电桥提供四种常用测试频率，100Hz、120Hz、1kHz 和 10kHz，当前测试频率显示在 LCD 左下方的频率指示区域，可按频率键 FREQ 调整测试频率，直至为所需测试频率。

3）测试信号电压选择

TH2811E 型 LCR 数字电桥提供两种常用信号测试电压，当前测试信号电压显示在 LCD 下方的信号电压指示区域，通过按电平键 LEVEL，测试信号电压在 0.3～1.0V 之间切换。

4）信号源内阻选择

TH2811E 型 LCR 数字电桥提供 30Ω 和 100Ω 两种信号源内阻，在相同的测试电压下，选择不同的信号源内阻，将会得到不同的测试电流，按内阻键 30/100，可使信号源内阻在 30～100Ω 之间切换。

5）测量速度

TH2811E 型 LCR 数字电桥提供三种测试速度，分别为 FAST、MED 和 SLOW。按速度键 SPEED，进行设定测试速度，LCD 下方将显示所选择的测试速度，一般情况下，测试速度越慢，仪器的测试结果越稳定，越准确。

6）等效电路方式

（1）设置串联与并联。

TH2811E 型 LCR 数字电桥可提供串联（SER）或并联（PAR）两种等效电路来测量 $L$、$C$ 或 $R$，按串/并联键 SER/PAR 可以使等效方式在串联（SER）和并联（PAR）之间切换，LCD 屏幕下方显示当前等效方式。

（2）选择串联与并联方式。

① 电容等效电路的选择。小容量对应高阻抗值，此时并联电路的影响比串联电阻的影响大，串联电阻与电容的阻抗相比很小，可以忽略不计，因此应选择并联等效方式进行测量；相反大电容对应低阻抗值，并联电阻与电容的阻抗并联相比很大，可以忽略不计，而串联电

阻对电容阻抗的影响更大一些，因此应该选择串联等效方式进行测量。一般来说，电容等效电路可根据以下规则选择：大于 10kΩ 时，选择并联方式，小于 10Ω 时，选择串联方式，介于上述阻抗之间时，根据元件制造商的推荐采用合适的等效电路。

② 电感等效电路的选择。大电感对应高阻抗值，此时并联电阻的影响比串联电阻的影响大，因此选择并联等效方式进行测量更加合理；相反小电感对应低阻抗值，串联电阻对电感的影响更重要，因此选择串联等效方式进行测量更加合适。一般来说，电感等效电路可根据以下规则选择：大于 10kΩ 时，选择并联方式，小于 10Ω 时，选择串联方式，介于上述阻抗之间时，根据元件制造商的推荐采用合适的等效电路。

7）测量显示范围

TH2811E 型 LCR 数字电桥测量显示范围如表 2-1 所示。

表 2-1　测量显示范围

| 参　数 | 频　率 | 测量范围 |
|---|---|---|
| L | 100Hz、120Hz | 1μH～9999H |
| | 1kHz | 0.1μH～999.9H |
| | 10kHz | 0.01μH～99.99H |
| C | 100Hz、120Hz | 1pF～19999μF |
| | 1kHz | 0.1pF～1999.9μF |
| | 10kHz | 0.01pF～19.99μF |
| R | | 0.1mΩ～99.99MΩ |
| Q | | 0.0001～9999 |
| D | | 0.0001～9.999 |

8）量程设定

TH2811E 型 LCR 数字电桥在 100Ω 源内阻时，共有 5 个量程，分别是 30Ω、100Ω、1kΩ、10kΩ 和 100kΩ；30Ω 源内阻时，共有 6 个量程，分别是 10Ω、30Ω、100Ω、10kΩ 和 100kΩ。按量程键 RANGE ，量程可在自动和保持之间切换。

9）仪器清零

（1）开路清零：开路清零能够消除与被测元件并联的杂散导纳（G、B），如杂散电容的影响。按 OPEN 键选择开路清零功能，LCD 显示 "OPEN" 闪烁，将测试端开路，按确认键 ENTER 开始开路清零测试，如果测试结果正确，在 LCD 副参数显示区显示 "PASS" 字符，并接着对下一个频率或量程进行清零；如果当前清零结果不正确，则在 LCD 副参数显示区显示 "FAIL" 字符，并退出清零操作返回测试状态。

（2）短路清零：短路清零能够消除与被测元件串联的剩余阻抗，如引线电阻或引线电感的影响。按 SHORT 键选择短路清零功能，LCD 显示信息，"SHORT" 闪烁，用低阻短路片将测试端短路，按 ENTER 键开始清零测试，如果当前测试结果正确，在 LCD 副参数显示区显示 "PASS"字符，并且接着对下一个频率或量程进行清零；如果当前清零结果不正确，则显示 "FAIL" 字符，并退出清零操作返回测试状态。

10）元件测试

根据上述要求，对电阻、电容和电感进行测试。

# 第 3 章

# Proteus 仿真实训

Proteus 具有和其他 EDA 工具一样的原埋图编辑、印刷电路板（PCB）设计及电路仿真功能，最大的特色是其电路仿真的交互化和可视化，通过 Proteus 软件的 VSM（虚拟仿真模式），用户可以对模拟电路、数字电路、模数混合电路、单片机及外围元器件等电子线路进行系统仿真。

## 3.1　Proteus 仿真介绍

| 【学习导航】 | 本节知识内容主要使学生能熟悉 Proteus 操作界面，了解 Proteus ISIS 编辑环境，会拾取 Proteus 内置元件库中元器件进行电路仿真。 |
| --- | --- |

### 3.1.1　Proteus 软件简介

Proteus 软件是英国 Lab Center Electronics 公司出版的 EDA 工具软件，它不仅具有其他 EDA 工具软件的仿真功能，还能仿真单片机及外围器件。Proteus 软件由 ISIS 和 ARES 两部分构成，其中 ISIS 是一款便捷的电子系统原理设计和仿真平台软件，ARES 是一款高级的 PCB 布线编辑软件，Proteus 仿真软件，能够从原理图布图、代码调试到单片机与外围电路协同仿真，一键切换到 PCB 设计，真正实现了从概念到产品的完整设计，是目前世界上唯一将电路仿真软件、PCB 设计软件和虚拟模型仿真软件三合一的设计平台。它具有功能很强的 ISIS 智能原理图输入系统，有非常友好的人机互动窗口界面和丰富的操作菜单与工具，在 ISIS 编辑区中，能方便地完成单片机系统的硬件设计、软件设计、单片机源代码级调试与仿真。

Proteus ISIS 元器件库的组织方式是主分类（Category）—子分类（Sub-category）—元器件三级结构（Proteus 元件库中英文对照表见附录 B）。对于比较常用的元件是需要记住它的名称的，通过直接输入名称来拾取，至于哪些是最常用的元件，是因人而异的，根据平时从事的工作需要而定。另一种元件拾取方法是按类查询，也非常方便。元件拾取通过单击"Pick Devices"按钮，在弹出的对话框左侧的"Category"中进行选择，共列出了以下 36 个大类，

Analog ICs（模拟集成器件）、Capacitors（电容）、CMOS 4000 series（CMOS 4000 系列）、Connectors（接头）、Data Converters（数据转换器）、Debugging Tools（调试工具）、Diodes（二极管）、ECL 10000 series（ECL 10000 系列）、Electromechanical（电机）、Inductors（电感）、Laplace Primitives（拉普拉斯模型）、Mechanics（动力学机械）、Memory ICs（存储器芯片）、Microprocessor ICs（微处理器芯片）、Miscellaneous（混杂器件）、Modelling Primitives（建模源）、Operational Amplifiers（运算放大器）、Optoelectronics（光电器件）、PICAXE（PICAXE 器件）、PLDs and FPGAs（可编程逻辑器件和现场可编程门阵列）、Resistors（电阻）、Simulator Primitives（仿真源）、Speakers and Sounders（扬声器和声响）、Switches and Relays（开关和继电器）、Switching Devices（开关器件）、Thermionic Valves（热离子真空管）、Transducers（传感器）、Transistors（晶体管）、TTL 74 Series（标准 TTL 系列）、TTL 74AS Series（先进的肖特基 TTL 系列）、TTL 74ALS Series（先进的低功耗肖特基 TTL 系列）、TTL 74F Series（快速 TTL 系列）、TTL 74HC Series（高速 CMOS 系列）、TTL 74HCT Series（与 TTL 兼容的高速 CMOS 系列）、TTL 74LS Series（低功耗肖特基 TTL 系列）、TTL 74S Series（肖特基 TTL 系列）。

Proteus 有多达十余种的信号激励源和十余种虚拟仪器（如示波器、逻辑分析仪、信号发生器等）；可提供软件调试功能，即具有模拟电路仿真、数字电路仿真、单片机及其外围电路组成的系统的仿真、RS232 动态仿真、I2C 调试器、SPI 调试器、键盘和 LCD 系统仿真的功能；还有用来精确测量与分析的 PROTEUS 高级图表仿真（ASF）。它们构成了单片机系统设计与仿真的完整的虚拟实验室。PROTEUS 同时支持第三方的软件编译和调试环境，如 Keil C51 μVision4 等软件。

Proteus 还有使用极方便的印刷电路板高级布线编辑软件（PCB）。特别指出，Proteus 库中数千种仿真模型是依据生产企业提供的数据来建模的。因此，Proteus 设计与仿真极其接近实际。目前，Proteus 已成为流行的单片机系统设计与仿真平台，应用于各种领域。

## 3.1.2　Proteus ISIS 编辑环境

### 1. 进入 Proteus ISIS

双击桌面上的 ISIS 7 Professional 图标或执行屏幕左下方的【开始】→【程序】→【Proteus 7 Professional】→【ISIS 7 Professional】命令，出现如图 3-1 所示的屏幕，表明进入 Proteus ISIS 集成环境。

### 2. 工作界面

Proteus ISIS 的工作界面是一种标准的 Windows 界面，如图 3-2 所示。包括标题栏、主菜单、标准工具栏、绘图工具栏、状态栏、对象选择按钮、预览对象方位控制按钮、仿真进程控制按钮、预览窗口、图形编辑窗口。其中，点状的栅格区域为编辑窗口，用于放置元器件，进行连线，绘制原理图；左上方为预览窗口，有两个框，蓝框表示当前页的边界，绿框表示当前编辑窗口显示的区域，在预览窗口上单击，Proteus ISIS 将会以单击位置为中心刷新编辑窗口，其他情况下，预览窗口显示将要放置的对象；左下方为元器件列表区，即对象选择器，当从对象选择器中选中一个新的对象时，预览窗口可以预览选中的对象。

图 3-1　ISIS 启动时的屏幕

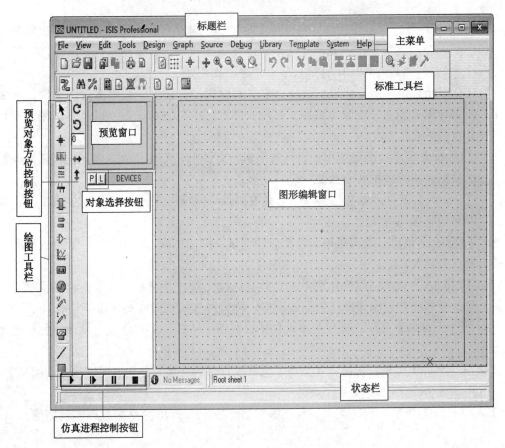

图 3-2　Proteus ISIS 的工作界面

## 3. 主菜单

Proteus ISIS 的主菜单栏包括 File（文件）、View（视图）、Edit（编辑）、Tools（工具）、Design（设计）、Graph（图形）、Source（源）、Debug（调试）、Library（库）、Template

（模板）、System（系统）和 Help（帮助），如图 3-3 所示。选择任一菜单后都将弹出其子菜单项。

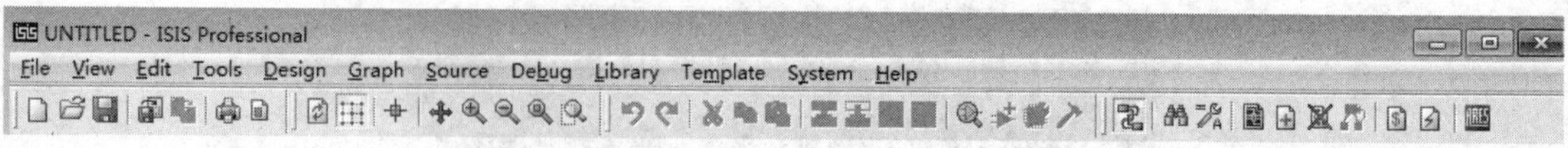

图 3-3　Proteus ISIS 的主菜单和主工具栏

（1）【File】菜单：包括常用的文件功能，如新建设计、打开设计、保存设计、导入/导出文件，也可打印、显示设计文档，以及退出 Proteus ISIS 系统等。

（2）【View】菜单：包括是否显示网格、设置格点间距、缩放电路图及显示与隐藏各种工具栏等。

（3）【Edit】菜单：包括撤销/恢复操作、查找与编辑元器件、剪切、复制、粘贴对象，以及设置多个对象的层叠关系等。

（4）【Tools】菜单：工具菜单。它包括实时注解、自动布线、查找并标记、属性分配工具、全局注解、导入文本数据、元器件清单、电气规则检查、编译网络标号、编译模型、将网络标号导入 PCB，以及从 PCB 返回原理设计等工具栏。

（5）【Design】菜单：工程设计菜单。它具有编辑设计属性、编辑原理图属性、编辑设计说明、配置电源、新建、删除原理图、在层次原理图中总图与子图，以及各子图之间互相跳转和设计目录管理等功能。

（6）【Graph】菜单：图形菜单。它具有编辑仿真图形、添加仿真曲线、仿真图形，查看日志，导出数据、清除数据和一致性分析等功能。

（7）【Source】菜单：源文件菜单。它具有添加/删除源文件、定义代码生成工具、设置外部文本编辑器和编译等功能。

（8）【Debug】菜单：调试菜单。包括启动调试、执行仿真、单步运行、断点设置和重新排布弹出窗口等功能。

（9）【Library】菜单：库操作菜单。它具有选择元器件及符号、制作元器件及符号、设置封装工具、分解元件、编译库、自动放置库、校验封装和调用库管理器等功能。

（10）【Template】菜单：模板菜单。包括设置图形格式、文本格式、设计颜色及连接点和图形等。

（11）【System】菜单：系统设置菜单。包括设置系统环境、路径、图纸尺寸、标注字体、热键及仿真参数和模式等。

（12）【Help】菜单：帮助菜单。包括版权信息、Proteus ISIS 学习教程和示例等。

## 4．工具箱

选择相应的工具箱按钮，系统将提供不同的操作工具。对象选择器根据选择不同的工具箱按钮决定当前状态显示的内容。显示对象的类型包括元器件、终端、引脚、图形符号、标注和图表等。

工具箱中各按钮对应的操作如下。

（1）【Selection Mode】按钮 ▶：选择模式。

（2）【Component Mode】按钮 ▷：拾取元器件。

（3）【Junction Dot Mode】按钮 ✦：放置节点。

（4）【Wire Label Mode 按钮】 ：标注线段或网络名。

（5）【Text Script Mode】按钮 ：输入文本。

（6）【Buses Mode】按钮 ：绘制总线。

（7）【Subcircuit Mode】按钮 ：绘制子电路块。

（8）【Terminals Mode】按钮 ：在对象选择器中列出各种终端（输入、输出、电源和地等）。

（9）【Device Pins Mode】按钮 ▷：在对象选择器中列出各种引脚（如普通引脚、时钟引脚、反电压引脚和短接引脚等）。

（10）【Graph Mode】按钮 ：在对象选择器中列出各种仿真分析所需的图表（如模拟图表、数字图表、混合图表和噪声图表等）。

（11）【Tape Recorder Mode】按钮 ：当对设计电路分割仿真时采用此模式。

（12）【Generator Mode】按钮 ：在对象选择器中列出各种激励源（如正弦激励源、脉冲激励源、指数激励源和 FILE 激励源等）。

（13）【Voltage Probe Mode】按钮 ：可以在原理图中添加电压探针，电路进行仿真时可显示各探针处的电压值。

（14）【Current Probe Mode】按钮 ：可在原理图中添加电流探针，电路进行仿真时可以显示各探针处的电流值。

（15）【Virtual Instruments Mode】按钮 ：在对象选择器中列出各种虚拟仪器（如示波器、逻辑分析仪、定时/计数器和模式发生器等）。

（16）【2D Graphics Line Mode】按钮 ╱：进入画线模式。

（17）【2D Graphics Box Mode】按钮 ▣：进入画方块模式。

（18）【2D Graphics Circle Mode】按钮 ●：进入画圆模式。

（19）【2D Graphics Arc Mode】按钮 ：进入圆弧设计模式。

（20）【2D Graphics Closed Path Mode】按钮 ：进入封闭区域设计模式。

（21）【2D Graphics Text Mode】按钮 **A**：进入文本编辑模式。

（22）【2D Graphics Symbols Mode】按钮 ：进入编辑 2D 符号模式。

（23）【2D Graphics Makers Mode】按钮 ✦：进入 2D 图形标记工具模式。

（24）【Rotate Clockwise】按钮 ↻：顺时针方向旋转按钮，以 90° 偏置改变元器件的放置方向。

（25）【Rotate Anti-Clockwise】按钮 ↺：逆时针方向旋转按钮，以 90° 偏置改变元器件的放置方向。

（26）【X-Mirror】按钮 ↔：水平镜像旋转按钮，以 $Y$ 轴为对称轴，按 180° 偏置旋转元器件。

（27）【Y-Mirror】按钮 ↕：垂直镜像旋转按钮，以 $X$ 轴为对称轴，按 180° 偏置旋转元器件。

### 3.1.3 Proteus 电路设计流程

Proteus ISIS 电路原理图设计流程一般包括新建设计文档、设置工作环境、放置元器件、对原理图布线、建立网络表、电气检查、调整、存盘和输出报表等步骤，如图 3-4 所示。

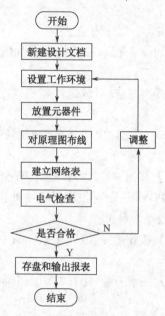

图 3-4　Proteus ISIS 电路原理图设计流程

#### 1．新建设计文档

在进入原理图设计之前，首先要构思好原理图，即必须知道所设计的项目需要哪些电路来完成，用何种模板；然后在 Proteus ISIS 编辑环境中画出电路原理图 。

首先进入 Proteus ISIS 编辑环境，选择【File】→【New Design】菜单项，在弹出的模板对话框中选择"DEFAULT"模板，并将新建的设计保存在 E 盘根目录下，保存文件名为"example"或者其他名称。

#### 2．设置工作环境

根据实际电路的复杂程度来设置图纸的大小等。在电路图设计的整个过程中，图纸的大小可以不断地调整。设置合适的图纸大小是完成原理图设计的第一步。

打开【Template】菜单，对工作环境进行设置。选择【System】→【Set Sheet Sizes】菜单项，在弹出的对话框中选中 A4 复选框，单击【OK】按钮确认，即可完成页面设置。

#### 3．放置元器件

首先从添加元器件对话框中选取需要添加的元器件，将其布置到图纸的合适位置，并对元器件的名称、标注进行设定；再根据元器件之间的走线等联系对元器件在工作平面上的位置进行调整和修改，使原理图美观、易懂。

（1）选择【Library】→【Pick Device/Symbol】菜单项，或者单击【P】按钮进行拾取元器件。

（2）单击【OK】按钮，或在元器件列表区域双击器件名称，即可完成对该元器件的添加。添加的元器件将出现在对象选择器列表中。

（3）将其布置到图纸合适位置，并对元器件的名称、标注和参数进行设定。

### 4．对原理图进行布线

根据实际电路的需要，利用 Proteus ISIS 编辑环境所提供的各种工具、命令进行布线，将工作平面上的元器件用导线连接起来，构成一张完整的电路原理图。

### 5．建立网络表

在完成上述步骤之后，即可看到一张完整的电路图，但要完成印制版电路的设计，还需要生成一个网络表文件。网络表是印制版电路与电路原理图之间的纽带。

### 6．原理图的电气规则检查

当完成原理图布线后，利用 Proteus ISIS 编辑环境所提供的电气规则检查命令对设计进行检查，并根据系统提示的错误检查报告修改原理图。

### 7．调整

如果原理图已通过电气规则检查，那么原理图的设计就完成了，但是对于一般电路设计而言，尤其是较大的项目，通常需要对电路进行多次修改才能通过电气规则检查。

### 8．存盘和输出报表

Proteus ISIS 提供了多种报表输出格式，同时可以对设计好的原理图和报表进行存盘和输出打印。

## 实训 1　Proteus 软件使用

### 1．实训目标

（1）熟悉 Proteus ISIS 编辑环境。
（2）会运用元件库元件和虚拟仿真工具绘制电路图。

### 2．实训环境

安装有 Proteus 软件的机房。

### 3. 实训内容

1）创建一个新的设计文件

（1）首先进入 Proteus ISIS 编辑环境。选择【File】→【New Design】菜单项，在弹出的模板对话框中选择【DEFAULT】模板，并将新建的设计根据需要进行保存。

（2）打开【Template】菜单，对工作环境进行设置。

（3）选择【System】→【Set Sheet Sizes】菜单项，弹出【Sheet Size Configuration】对话框，选中【A4】复选框，单击【OK】按钮确认，即可完成页面设置，如图 3-5 所示。

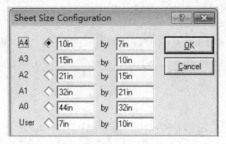

图 3-5 图纸大小设置

2）原理图绘制

（1）拾取元件：选择【Library】→【Pick Device/Symbol】菜单项，弹出的对话框如图 3-6 所示，在"Keywords"文本框中输入元件名称，单击【OK】按钮，完成对元件的添加，添加的元器件将出现在对象选择器列表中。

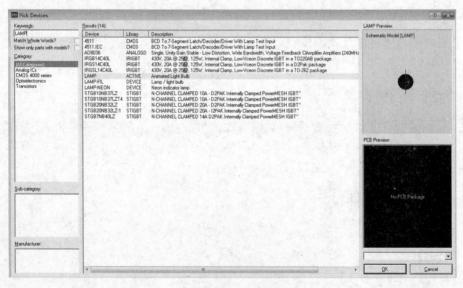

图 3-6 拾取元器件

（2）编辑元器件：放置好元器件后，双击相应的元器件，可以打开对话框进行元器件的编辑。

（3）绘制原理图：单击某一个对象的连接点，和相应元器件进行连线。原理图的绘制如图 3-7 所示。

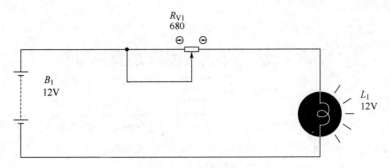

图 3-7　原理图的绘制

3）电气检测与存盘

（1）电气规则检测：选择【Tools】→【Electrical Rule Check】选项，输出电气规则检测报告单，如图 3-8 所示，系统提示无误。

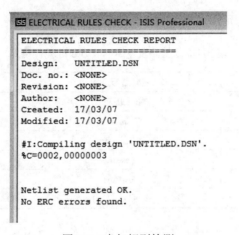

图 3-8　电气规则检测

（2）存盘：将文件保存，也可以输出单项 BOM 文档，选择【Tools】→【Bill of Materials】选项，如图 3-9 所示。

图 3-9　BOM 文档输出

# 3.2 分压偏置电路仿真实训

| 【学习导航】 | 本节知识内容主要使学生能通过 Proteus 绘图和虚拟实训的操作加深和巩固电子技术技能，理解分压偏置电路原理，学会静态工作点、放大倍数、输入电阻等参数的测试。 |
| --- | --- |

## 3.2.1 分压偏置电路原理图绘制

分压偏置电路 Proteus 元件清单如表 3-1 所示。

表 3-1 分压偏置电路的 Proteus 元件清单

| 元 件 名 称 | 所 属 大 类 | 所 属 子 类 |
| --- | --- | --- |
| BATTERY | Miscellaneous | — |
| NPN | Transistors | Generic |
| CAP-ELEC | Capacitors | Generic |
| RES | Resistors | Generic |
| POT-HG | Resistors | Variable |
| SW-SPST | Switches&Realys | Switches |

分压偏置电路仿真图如图 3-10 所示，图中 $R_1$ 和 $R_2$ 构成偏置电路，$C_3$ 为交流旁路电容，$R_E$ 为反馈电阻，起稳定静态工作点的作用。由于 $I_B$ 很小，一般为微安级，分流作用有限，因此基极电位 $U_B$ 取决于 $R_1$ 和 $R_2$ 的分压作用。

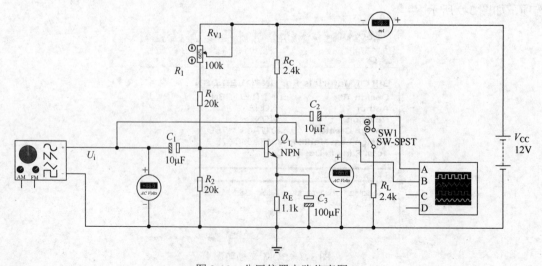

图 3-10 分压偏置电路仿真图

## 3.2.2 分压偏置电路静态、动态分析

### 1. 静态分析

分压偏置电路的直流通路如图 3-11 所示。根据直流通路图即可求得静态工作点。

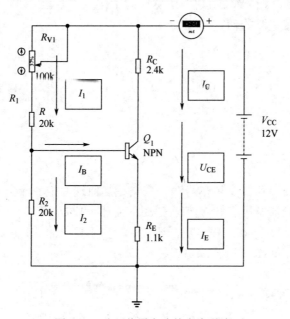

图 3-11 分压偏置电路的直流通路

由于 $I_B$ 很小

$$I_1 \approx I_2 = V_{CC} / (R_1 + R_2)$$

$$U_B \approx I_2 R_2 \approx R_2 V_{CC} / (R_1 + R_2)$$

$$I_C \approx I_E = (U_B - U_{BE}) / R_E \approx U_B / R_E$$

$$I_B = I_C / \beta$$

根据上述分析可知，分压式偏置电路的静态分析方法是先估算 $I_C$ ，再估算 $I_B$，而且在电路中引入了反馈电阻 $R_E$，起稳定静态工作点的作用。

### 2. 动态分析

（1）电压放大倍数：

$$A_U = u_o / u_i = -\beta R_L` / R_{be}$$

（2）输入电阻：

$$R_i = R_{be} // R_1 // R_2$$

（3）输出电阻：

$$R_O = R_C$$

## 实训 2　分压偏置电路 Proteus 仿真实训

### 1．实训目标

（1）学会运用 Proteus 仿真工具进行电路静态工作点测量。

（2）测试分压偏置电路的动态参数。

### 2．实训环境

安装有 Proteus 软件的机房，运用 Proteus 软件中的万用表、示波器和函数信号发生器等仪器仪表。

### 3．实训内容

1）静态测试

测量静态工作点时，不加交流信号源，根据叠加原理，把交流信号输入端短路，保证直流电源接通。然后用直流电压表和直流毫安表分别测算出 $U_{CE}$ 和 $I_C$，$I_B$ 可通过计算得到。测试图如图 3-12 所示。调好静态工作点后，调节滑动变阻器 $R_{V1}$，使 $I_C$ 约为 2mA，用直流电压表分别测试出 $U_C$、$U_B$ 和 $U_E$，可计算出 $U_{BE}$ 和 $U_{CE}$。

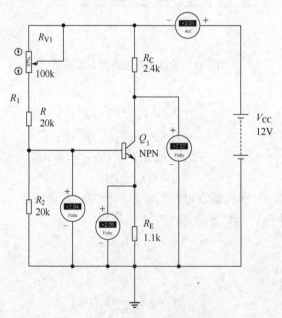

图 3-12　分压偏置电路静态测试图

2）动态测试

（1）电压放大倍数测试：

$$A_U = u_o / u_i$$

如图 3-13 所示，把信号发生器、示波器和交流电压表分别接在对应位置。输出界面如

图 3-14 所示。

【注意】输入端电压表的量程为毫伏。

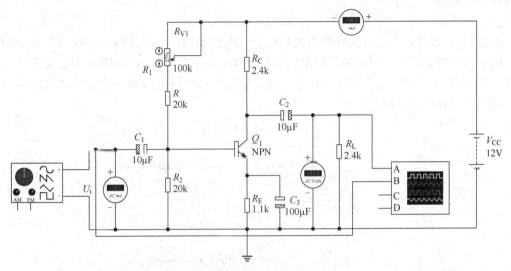

图 3-13　动态测试

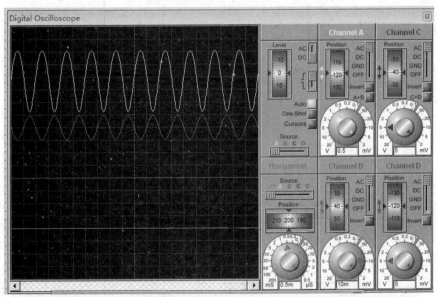

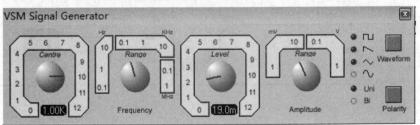

图 3-14　输出界面

（2）输入电阻测试。输入电阻一般采用"串联电阻法"，即在信号源与放大器输入端之间串联一个已知电阻，在输出波形不失真情况下，用毫伏表或示波器分别测试出 $U_i$ 和 $U_s$，计算出输入电阻为

$$R_i=U_iR/（U_s-U_i）$$

输出电阻 $R_o$ 是表征它带负载能力的物理量，$R_o$ 越小带负载能力越强，$R_L$ 应与 $R_o$ 相近。在输出波形不失真情况下，首先测试出放大器负载未接入，即输出开路时的输出电压 $U_o$，然后接入 $R_L$ 再测试出放大器负载上电压 $U_{oL}$ 值，如图 3-15 所示的未接入负载电压和图 3-16 所示的接入负载时电压。则

$$R_o=（U_o/U_{oL}-1）R_L$$

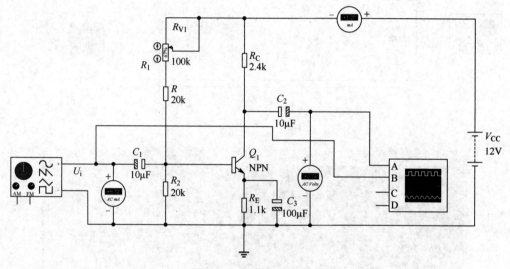

图 3-15　未接入负载电压

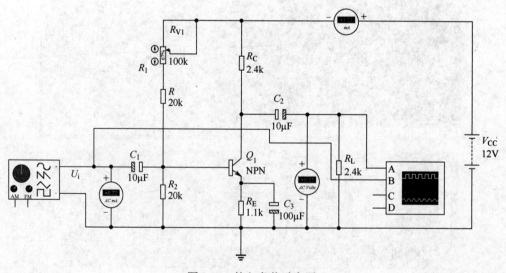

图 3-16　接入负载时电压

3）频率特性测试

$$\Delta f = f_H - f_L$$

频率特性测试的是放大电路在稳定的放大倍数下能通过的信号频率范围，其中，$f_H$ 为上限截止频率，$f_L$ 为下限截止频率。运行仿真时，先把信号发生器频率调节到 1kHz，保持信号的幅值不变，观察示波器输出电压波形不失真而改变其频率，会发现输出电压在某些频段保持不变，然后在维持输入电压不变的情况下，升高频率，直到输出电压降到 $0.707U_O$ 为止，此时的对应频率为 $f_H$，同理，信号电压不变，降低频率直到输出电压降到 $0.707U_O$ 为止，测出 $f_L$。本电路中，测试出 $f_L$ 约为 13Hz，$f_H$ 约为 400kHz，带宽约为 400kHz。

**4　实训评价**

| 评价内容 | 要　　　求 | | | | 配分 | 评分 |
|---|---|---|---|---|---|---|
| 纪律 | 不迟到、不早退、不旷课，不高声喧哗，不说粗话脏话 | | | | 5 分 | |
| 文明 | 正确使用操作 Proteus 软件，不乱丢杂物，保持实训场地整洁 | | | | 10 分 | |
| 安全 | 检查机房计算机是否正常，使用完计算机关机断电 | | | | 10 分 | |
| 技能 | 分压偏置电路仿真 | | | | 75 分 | |
| | 静态测试 | $I_C$ | $U_{BE}$ | $U_{CE}$ | | |
| | 动态测试 | $A_U$ | $R_i$ | $R_o$ | $\Delta f$ | |

# 3.3　低频功率放大器仿真实训

| 【学习导航】 | 本节知识内容主要通过 Proteus 绘图和虚拟实训的操作使学生能加深和巩固电子技术技能，理解低频功率放大器工作原理，学会功放电路调试及主要性能指标测试方法。 |
|---|---|

## 3.3.1　低频功放电路原理图绘制

低频功率放大器的 Proteus 仿真电路元件清单如表 3-2 所示。

表 3-2　低频功放 Proteus 仿真电路元件清单

| 元 件 名 称 | 所 属 类 | 所 属 子 类 |
|---|---|---|
| NPN | Transistors | Generic |
| PNP | Transistors | Generic |
| CAP-ELEC | Capacitors | Generic |
| RES | Resistors | Generic |

续表

| 元 件 名 称 | 所 属 类 | 所 属 子 类 |
|---|---|---|
| POT-HG | Resistors | Variable |
| DIOD | DIODS | Generic |
| BATTERY | Miscellaneous | — |
| SPEAKER | Speakers&Sounders | — |

图 3-17 所示为一个无输出变压器的低频功率放大器电路，5V 单电源供电，输出端接 1000μF 的电解电容，通过充放电，作负电源使用，这种电路又称为无输出变压器电路，简称 OTL 电路。

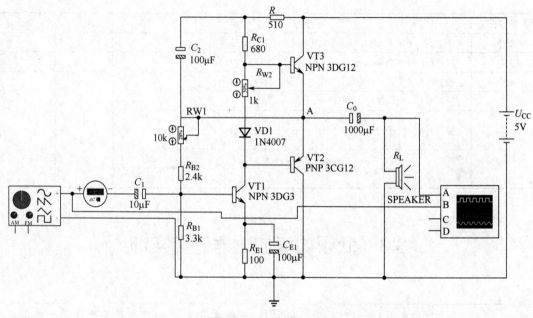

图 3-17　低频功放电路

## 3.3.2　OTL 功放性能参数

如图 3-17 所示，三极管 VT1 构成前置放大级，VD1、$R_{W2}$ 提供偏置克服交越失真，VT2、VT3 组成互补推挽的对管。

（1）静态工作点测试。静态调节 $R_{W1}$ 使 A 的电位 $U_A=1/2U_{cc}$。

（2）动态测试。动态调节 $R_{W2}$ 克服交越失真。

① 最大不失真输出功率 $P_{om}$。

测量方法：放大器输入 1kHz 的正弦信号电压，逐渐加大输入电压幅值，当用示波器观察到输出波形为临界削波时，用毫伏表测出输出电压有效值 $U_o$。

则最大输出功率为：

$$P_{om}=U_o{}^2/R_L$$

② 输出效率 $\eta$

测量方法：在测量 $U_o$ 的同时，记下直流毫安表的读数 $I_{dc}$，可近似算出此时电源供给的功率为 $P_V = U_{cc} \cdot I_{dc}$，求得 $\eta = P_{om}/P_V \times 100\%$。

## 实训 3　低频功放电路 Proteus 仿真实训

### 1．实训目标

（1）学会运用 Proteus 仿真工具进行功放电路静态工作点测量。

（2）测试低频功放电路的动态参数。

### 2．实训环境

安装有 Proteus 软件的机房，运用 Proteus 软件中的万用表、示波器和函数信号发生器等仪器仪表。

### 3．实训内容

1）静态测试

当 $u_i=0$ 时，接通电源 $U_{cc}$（+5V），并串入直流毫安表，将负载设置为 $R_L=8\Omega$（喇叭），并接入负载 $R_L=8\Omega$。调节 $R_{W1}$，使 $U_A=1/2U_{CC}=2.5V$，如图 3-18 所示，分别测试三极管 VT1、VT2、VT3 的 b、e、c 极电压。

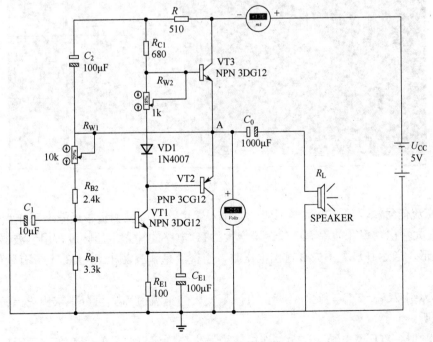

图 3-18　OTL 功放静态调试

2）动态测试

（1）交越失真波形观察。调整函数发生器，输出 $f$=1kHz 的正弦信号，电压有效值为 10mV（交流毫伏表测量）；将此信号接入 OTL 功放的输入端。如图 3-19 所示，函数信号发生器输入信号。保持 $U_A$=1/2$U_{CC}$=2.5V，用示波器同时观察 OTL 功放的输入和输出波形，此时输出交越失真，交越失真波形如图 3-20 所示，调节 $R_{W2}$ 使交越失真恰好消失。然后加大输入信号的幅值，使输出波形上下顶出现失真，再调节 $R_{W1}$，使失真对称，减小输入信号幅值，观察失真是否对称，这样反复调节 $R_{W1}$ 和减小输入信号幅值，直到输出波形失真刚刚同时消失为止，这时的静态工作点最合适。

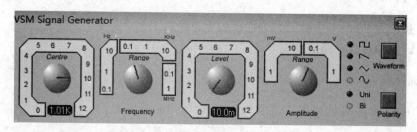

图 3-19　函数信号发生器输入信号

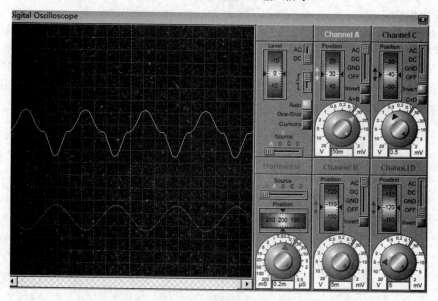

图 3-20　交越失真波形

去掉交流信号源，保持电位器不变，把输入端短路，可以测量各级静态工作点参数。

（2）最大输出功率和效率测试。缓慢增大 OTL 电路的输入电压幅度，用示波器观察输出电压 $U_o$ 波形，当达到最大不失真输出电压时，用交流毫伏表测出 $R_L$ 上的电压有效值 $U_O$，计算 $P_{om}$。

保持 $U_A$=1/2$U_{CC}$=2.5V，此时，读出直流毫安表的电流值 $I_{dc}$，可分别求出 $P_V$=$U_{CC}I_{dc}$ 和 $\eta$。

3）试听

在输出端接 8Ω 扬声器，在输入端接信号发生器，保持信号幅度不变，运行仿真，连续改变信号的频率，观察扬声器音调的改变。

#### 4．实训评价

| 评价内容 | | 要　求 | | | 配分 | 评分 |
|---|---|---|---|---|---|---|
| 纪律 | | 不迟到、不早退、不旷课，不高声喧哗，不说粗话脏话，不玩手机 | | | 5 分 | |
| 文明 | | 正确使用 Proteus 软件，不乱丢杂物，保持实训场地整洁 | | | 10 分 | |
| 安全 | | 检查机房计算机正常，使用完计算机关机断电 | | | 10 分 | |
| 技能 | 静态测试 | | $U_B$ | $U_E$ | $U_C$ | 75 分 | |
| | | VT1 | | | | |
| | | VT2 | | | | |
| | | VT3 | | | | |
| | 动态测试 | 交越失真波形 | 仿真并观察交越失真波形 | | | |
| | | 最大输出功率 | $U_o$ | $P_{om}$ | | |
| | | 输出效率 | $I_{dc}$ | $\eta$ | | |

# 3.4　比例运算放大器仿真实训

**【学习导航】**　本节知识内容主要通过 Proteus 绘图和虚拟实训的操作使学生能加深和巩固电子技术技能，理解运算放大器的工作原理，学会比例运算放大电路输入、输出电压的调试仿真，验证比例运放的运算关系。

## 3.4.1　反相比例运算电路

反相比例运放和同相比例放大器的 Proteus 仿真电路元件清单如表 3-3 所示。

表 3-3　比例运放元件清单

| 元 件 名 称 | 所 属 类 | 所 属 子 类 |
|---|---|---|
| LM324 | Operational amplifiers | Quad |
| RES | Resistors | Generic |
| POT-HG | Resistors | Variable |
| BATTERY | Miscellaneous | — |

反相比例运算放大器（又称反相输入放大器），它实际上是一个深度的电压并联负反馈放大电路。输入信号 $u_i$ 经电阻 $R_1$ 加至集成运放的反相端，反馈支路由 $R_f$ 构成，将输出电压 $u_o$ 反馈至反相输入端。

根据"虚地"的概念可知，

$$i_f=（u_--u_o）/R_f=-u_o/R_f$$

由"虚断"的概念可知，$i_i=i_f$，以及 $i_i=（u_i-u_-）/R_1=u_i/R_1$.

因为，

$$u_i/R_1=-u_o/R_f$$

即，

$$u_o=-（R_f/R_1）u_i$$

或

$$A_V=u_o/u_i=-R_f/R_1$$

反相比例运算放大器电路仿真图如图 3-21 所示。

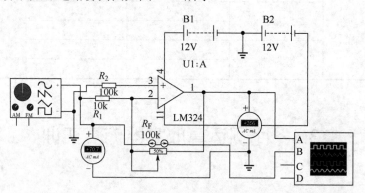

图 3-21　反相比例运算放大器电路仿真图

## 3.4.2　同相比例运算电路

同相比例运算电路（又称同相输入放大器），是一个深度的电压串联负反馈放大器。输入信号 $u_i$ 经电阻 $R_2$ 加至集成运放的同相输入端，反馈支路由 $R_f$ 构成，将输出电压 $u_o$ 反馈至反相输入端。$R_2$ 为平衡电阻，要求 $R_2=R_1//R_f$，如图 3-22 所示。

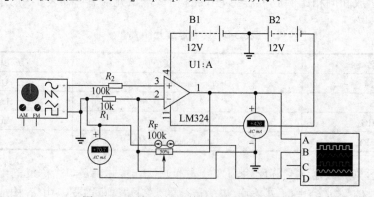

图 3-22　同相比例运算放大器电路仿真图

根据 $u_+\approx u_-$，再根据 $i_+\approx i_-\approx 0$ 可得，

$$u_+=u_i, \quad u_i \approx u_- = \approx u_o R_1/(R_1+R_f)$$

因此，

$$A_V=u_o/u_i=1+R_f/R_1$$

上式表明，集成运放的输出电压与输入电压之间仍成比例关系，比例系数（即电压放大倍数）仅仅决定于反馈网络电阻 $R_f$ 和 $R_1$，而与集成运放本身的参数无关。$A_V$ 为正值表明输出电压与输入电压同相。当 $R_f$ 为 0 或 $R_1$ 趋于 ∞ 时，$A_V=1$，这时，$u_o=u_i$，输出电压等于输入电压，因此把这种电路称为电压跟随器，它是同相输入放大器的特例，如图 3-23 所示。

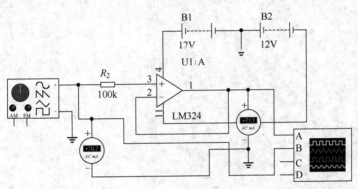

图 3-23　电压跟随器电路仿真图

# 实训 4　比例运放电路 Proteus 仿真实训

## 1．实训目标

（1）学会运用 Proteus 仿真工具进行反相比例运放、同相比例放大器和电压跟随器电路仿真。

（2）学会运用 Proteus 仿真工具进行反相比例运算放大器、同相比例运放和电压跟随器电路参数测试和仿真波形观察。

## 2．实训环境

安装有 Proteus 软件的机房，运用 Proteus 软件中的 LM324、电位器等各种元器件，以及万用表、示波器和函数信号发生器等仪器仪表。

## 3．实训内容

（1）反相比例运放仿真。如图 3-21 所示的反相比例运算放大器电路，使信号发生器输入 1kHz，100mV～1500mV 的正弦波信号加至输入端 $u_i$。例如，函数信号发生器输入信号参数为 1kHz、200mV 的正弦波，如图 3-24 所示。用示波器同时观察输入电压 $u_i$ 和输出电压 $u_o$，如图 3-25 所示的示波器观察波形参数，并用交流电压表测量输出电压，计算比例系数（即电压放大倍数）。

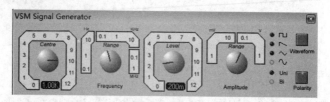

图 3-24　函数信号发生器输入波形

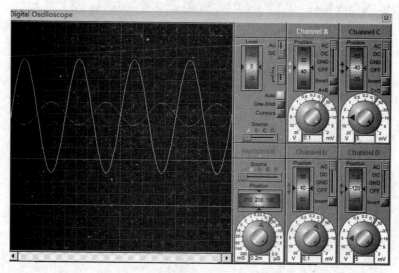

图 3-25　反相比例运算放大器波形测试

（2）同相比例运放仿真。如图 3-22 所示的反相比例运算放大器电路，使信号发生器输入 1kHz，100mV～1500mV 的正弦波信号加至输入端 $u_i$。例如，函数信号发生器输入信号参数为 1kHz、200mV 的正弦波，如图 3-24 所示。用示波器同时观察输入电压 $u_i$ 和输出电压 $u_o$，如图 3-26 所示的示波器观察波形参数，并用交流电压表测量输出电压，计算比例系数（即电压放大倍数）。同理，如图 3-23 所示的电压跟随器电路，函数信号发生器输入信号参数为 1kHz、200mV 的正弦波，测试电压跟随器输出电压，观察电压跟随器输入输出波形，如图 3-27 所示。

图 3-26　同相比例运算放大器波形测试

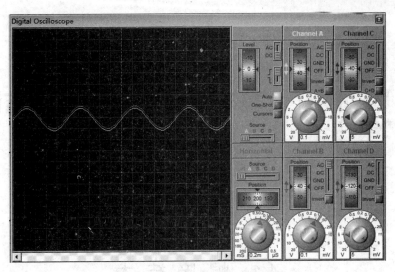

图 3-27　电压跟随器仿真电路波形

## 4．实训评价

| 评价内容 | 要 求 | | | | | 配分 | 评分 |
|---|---|---|---|---|---|---|---|
| 纪律 | 不迟到，不早退，不旷课，不高声喧哗，不说粗话脏话，不玩手机 | | | | | 5 分 | |
| 文明 | 正确使用 Proteus 软件，不乱丢杂物，保持实训场地整洁 | | | | | 10 分 | |
| 安全 | 检查机房计算机正常，使用完计算机关机断电 | | | | | 10 分 | |
| 技能 | 反相比例运放 | $u_i$（mV） | 100 | 200 | 500 | 1500 | 75 分 | |
| | | $u_o$（mV） | | | | | | |
| | | $A_V$（$u_o/u_i$） | | | | | | |
| | | 波形 | | | | | | |
| | 同相比例运放 | $u_i$（mV） | 100 | 200 | 500 | 1500 | | |
| | | $u_o$（mV） | | | | | | |
| | | $A_V$（$u_o/u_i$） | | | | | | |
| | | 波形 | | | | | | |
| | 电压跟随器 | $u_i$（mV） | 100 | 200 | 500 | 1500 | | |
| | | $u_o$（mV） | | | | | | |
| | | $A_V$（$u_o/u_i$） | | | | | | |
| | | 波形 | | | | | | |

# 第4章

# 基本单元电路的安装与调试

## 4.1 焊接技术

| 【学习导航】 | 本节知识内容主要通过焊接技术的练习使学生正确使用各类手工焊接工具，掌握手工焊接的基本操作方法，能够合理运用焊接工具焊接合格焊点。 |
| --- | --- |

### 4.1.1 焊接的基础知识

#### 1. 定义

焊接是金属连接的一种方法，它是利用加热、加压或其他手段，在两种金属的接触面，依靠原子或分子的相互扩散作用，形成一种新的牢固的结合，使这两种金属永久地连接在一起的过程。

#### 2. 分类

焊接可分为熔焊、钎焊、压焊。

钎焊又可分为硬钎焊（焊料熔点高于450℃）和软钎焊（焊料熔点低于450℃）。

### 4.1.2 焊接的工具及材料

#### 1. 电烙铁

1）烙铁的种类

烙铁的种类包括外热式电烙铁、内热式电烙铁、吸锡电烙铁、微型烙铁、超声波烙铁、半自动送料焊枪等，电子线路常用内热式、外热式电烙铁，如图 4-1 所示。

（1）外热式电烙铁：烙铁芯安装在烙铁头外面。

特点：结构简单、价格便宜、但热效率低、升温慢、体积较大，而且烙铁的温度不能有效地控制。

外热式常用规格有 25W、45W、75W、100W 等，功率越大烙铁头的温度越高。

（2）内热式电烙铁：烙铁芯安装在烙铁头里面。

特点：热效率高、升温快、体积小、重量轻、耗电低，由于烙铁头的温度是固定的，因此温度不能控制。

内热式常用规格有 20W、30W、50W 等。

（3）恒温电烙铁：温度不变，不可调节温度的烙铁。

恒温电烙铁的烙铁头内装有磁铁式的温度控制器来控制通电时间实现恒温的目的，在焊接温度不宜过高、焊接时间不宜过长的元器件时，应选用恒温电烙铁，但它价格高。

（4）控温电烙铁：温度可变，可以按要求调节温度的烙铁。

焊接元件对应控温烙铁温度与焊接时间：拉焊（300～330℃、2～3s），IC、贴片元件（280～300℃、2～3s），拆换零件（300±25℃、2～3s），新件补焊（280±10℃、2～3s），电容电阻（250～270℃、2～3s），特殊零件（330～360℃、2～3s），如图 4-1 所示。

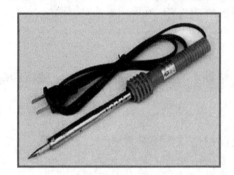

（a）外热式电烙铁

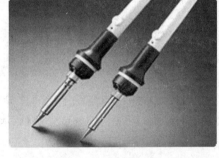

（b）内热式电烙铁

（c）恒温电烙铁

（d）温控电烙铁

图 4-1　常见电烙铁

2）电烙铁的使用方法

（1）电烙铁的通电加温方法。在通电前应检查电烙铁的外观，如导线是否有破损；为延长烙铁头的寿命要注意掌握合适的温度，尽量减少烙铁头的腐蚀。

（2）电烙铁的握法有反握法、正握法和握笔法，如图 4-2 所示。

（a）反握法    （b）正握法    （c）握笔法

图 4-2　电烙铁的握法

3）电烙铁的选用

电烙铁功率的选择：应根据焊接工件的大小，材料的热容量、形状、焊接方法和是否连续工作等因素考虑。

（1）焊接集成电路、晶体管及受热易损元器件，一般选用 20W 内热式或 25W 外热式。

（2）焊接导线、同轴电缆时，应选用 45～75W 外热式或 50W 内热式电烙铁。

（3）焊接较大的元器件，如行输出变压器的引脚等应选用 100W 以上的电烙铁。

4）电烙铁的使用注意事项

（1）电烙铁使用中，不能用力敲打。

（2）常用湿布、浸水海绵擦拭烙铁头，以保持烙铁头良好的挂锡，并可防止残留助焊剂对烙铁头的腐蚀。

（3）焊接过程中，电烙铁不能随意放置。

（4）焊接时，应采用松香或弱酸性助焊剂，以保护烙铁头不被腐蚀。

（5）使用结束后，应及时切断电源，冷却后，再将电烙铁收回工具箱。

**2．焊接材料与其他工具**

（1）焊料分类。

按熔点分类：软焊料（熔点在 450℃以下）、硬焊料（熔点在 450℃以上）。

按组成成分分类：锡铅焊料、银焊料、铜焊料等。

按焊料的形状分类：圆棒、带状、球状、丝状和粉状。

按焊锡丝的直径种类分类：3mm、2.5mm、2mm、1.2mm、1mm、0.5mm 等。

（2）助焊剂。

① 作用：有助于清洁被焊表面，防止氧化，增加焊料的流动性，使焊点易于形成。

② 分类：无机系列、有机系列、树脂系列。

无机系列助焊剂的作用：化学作用强，腐蚀作用大，助焊性非常好，但由于对金属有较强的腐蚀性，并且挥发的气体对电路元件有破坏作用，因此施焊后必须清洗干净。

有机系列助焊剂的作用：其焊助作用慢且较弱，腐蚀性小。

树脂系列助焊剂：该助焊剂的松香与酒精的重量比为 1∶3。

（3）阻焊剂。

① 作用：使焊接只在需要焊接的焊点上进行，将不需要焊接的地方保护起来。

② 分类：热固化型、紫外线光固化、电子束漫射固化。

（4）其他焊接工具。

偏口钳：又称斜口钳、剪线钳，主要用于剪切导线和元件多余引脚，如图 4-3（a）所示。

尖嘴钳：主要用于对导线和元件引脚的成形，如图 4-3（b）所示。

镊子：主要用于摄取微小器件和焊接时夹持被焊件防止其移动并助其散热，如图 4-3（c）所示。

旋具：分为十字、一字旋具，主要用于拧动螺丝钉和调整可调元器件的可调部分。

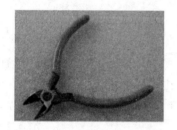
（a）斜口钳

（b）尖嘴钳

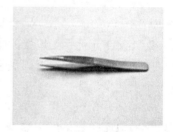
（c）镊子

图 4-3　焊接工具

# 实训 1　手工焊接实训

### 1. 实训目标

（1）能熟练正确使用各类手工焊接工具，并运用相关焊接工具进行手工焊接不同种类的 THC 器件。

（2）学会运用相关焊接工具焊接不同种类的 SMC 器件，学会合格焊点检测方法。

### 2. 实训器材

电烙铁 1 把，镊子 1 把，吸锡器 1 把，松香 1 盒，焊锡丝若干，焊接练习用 PCB 1 块，各种 THC 元器件若干，各种 SMC/SMD 元器件若干。

### 3. 实训内容

1）手工焊接基本步骤

（1）准备：将焊件、焊锡丝和电烙铁准备好。

（2）加热被焊件：把烙铁头放在接线端子和引线上进行加热。

（3）放上焊锡丝。

（4）移开焊锡丝：当焊锡丝融化到一定数量，迅速移开焊锡丝。

（5）移开电烙铁：撤离电烙铁的方向和速度的快慢与焊接质量有关，操作时要注意。如图 4-4 所示。

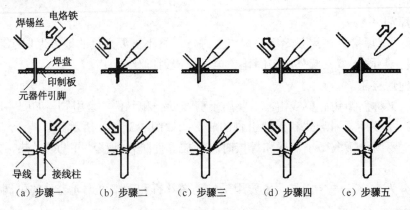

图 4-4　手工焊接步骤

2）SMD 元件手工焊接的步骤

（1）焊前准备：检查焊盘位置是否平整，有无余锡，若有则去除，在 PCB 板两个焊盘中的一个上加少量锡。

（2）元件定位：用镊子取一个符合要求的元件，将元件的一端对正前一步加锡的焊盘，用电烙铁将元件焊接到焊盘上。

（3）两端焊接：对元件的另一边加锡。

【注意】在焊接 SMD 元件（0402\0603\0805\1206\二极管\三极管）时，电烙铁温度一般开到 270～300℃；在焊接 SMD 元件（0402\0603\0805\1206\二极管\三极管）必须保证每个焊点在 3s 内完成，如果超过时间，则有可能损坏元件；SMD 元件（0402\0603\0805\1206\二极管\三极管）焊接时和插机元件的方法一样，只是时间不同，从烙铁头放到焊盘上开始，默数 1、2、3 后拿开烙铁，焊接完成，如图 4-5 所示。

图 4-5　通用元件（0402\0603\0805\1206）焊接

（4）IC（集成电路）焊接。

① 先将焊盘的锡去掉（可加助焊剂）。

② 取一块 IC，检查引脚有无缺失、弯曲、变形，若无则用正确的极性对准焊盘放准位置。

③ 将每边的引脚的最边上一个引脚加上焊锡固定 IC 在焊盘上。

④ 可以选用堆锡法、拉焊法、穿焊法、点焊法对每边进行焊接。

⑤ 检查有无缺陷。

**【注意】**

① 电烙铁的温度要适当，松香融化较快又不冒烟时的温度比较合适。

② 焊接时间要适当，加热焊接点到焊料融化并流满焊盘，应在几秒内完成。

③ 焊料与焊剂的使用量要适中。

④ 为了防止出现虚焊，焊接过程中不要触动焊接点。

⑤ 防止焊接点上的焊锡任意流动。

⑥ 焊接过程中不能烫伤周围的元器件及导线。

3）对焊接点的要求

一个良好的焊接点应具备以下要求。

（1）具有良好的导电性。

（2）具有一定的机械强度。

（3）焊点表面具有良好的光泽且表面光滑。

（4）焊接点上的焊料要适量。

（5）焊接点不应有毛刺、空隙。

（6）焊接点表面要清洁。

4）焊接点质量检测

（1）焊接点的机械强度和电气性能：检查焊接点有无虚焊、有无其他焊接点的桥接。

（2）焊接点外观检查：检查焊接点光亮度、清洁度、使用焊料的多少、焊点形成等。

**4．实训评价**

| 评价内容 | 要 求 | | | | 配分 | 评分 |
|---|---|---|---|---|---|---|
| 纪律 | 不迟到，不早退，不旷课，不高声喧哗，不说粗话脏话 | | | | 5分 | |
| 文明 | 各种型号元器件和线束摆放整齐，不损坏元器件、电烙铁、吸锡器和 PCB，不乱丢杂物，保持实训场地整洁 | | | | 10分 | |
| 安全 | 元器件、电烙铁、吸锡器、剪线钳和镊子无人为破坏，仪器仪表无人为损坏 | | | | 10分 | |
| 技能 | 直插元器件焊接 | SMD/SMC 元件焊接 | 线束焊接 | 焊点是否合格 | 75分 | |
| | | | | | | |
| | | | | | | |
| | | | | | | |

# 4.2 直流电源

**【学习导航】** 本节知识内容主要使学生理解稳压电源原理，掌握稳压电源的制作方法，调试出稳压电源的参数。

### 4.2.1 单路输出直流稳压电源

在各种电子仪器设备中，几乎都要用到直流稳压电源，随着整机向集成化方向发展，集成稳压器也得到迅速发展。下面以三端集成稳压器 7806 为例，介绍直流稳压源的制作与测试。

**1. 电路原理**

220V 交流电压经过变压器变压变成交流 9V，再经过 4 个二极管组成的桥式整流电路变成直流，再由电容滤波及三端稳压器稳压输出平滑的直流电压。直流电源的原理框图如图 4-6 所示，直流稳压电源原理图如图 4-7 所示。

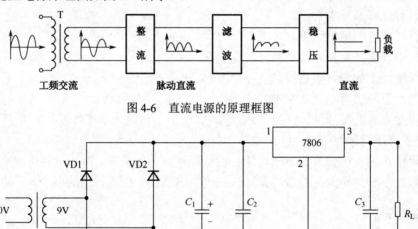

图 4-6 直流电源的原理框图

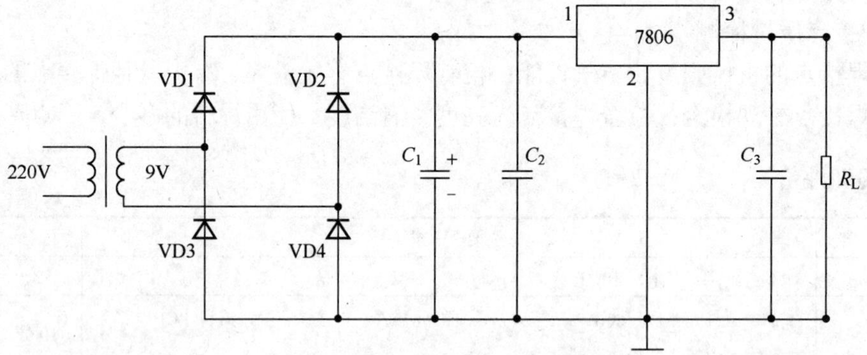

图 4-7 直流稳压电源原理图

**2. 元件清单**

单路输出直流稳压电源元件清单，如表 4-1 所示。

表 4-1 直流稳压电源元件清单

| 元 件 种 类 | 型 号 | 数 量 |
|---|---|---|
| 变压器 | 220V/9V | 1 |
| 整流二极管 | VD1—VD4:1N4001/1N4002/1N4004/1N4007 | 共 4 个 |
| 电解电容 | $C_1$—470μF/25V | 1 |
| 三端稳压器 | 7806（+6V）7906（-6V）（可以使用不同的稳压模块） | 1 |
| 涤纶/瓷介电容 | $C_2$—0.33μF/63V | 1 |
| | $C_3$—0.1μF/63V | 1 |
| 万能板 | | 1 |

### 3．直流稳压电源的装配、调试方法

（1）装配。检查元件的数量及种类；利用万用表检测元件参数。

（2）调试方法。一般采用逐级调试法，稳压电源由变压、整流、滤波、稳压四部分组成。

在条件允许的情况下，可将各级间连接处断开。先调试变压级（AC 挡位），将变压级调试正常后，将整流级连接上，再调试整流级（DC 挡位），然后依次调试滤波（DC 挡位），稳压电路（DC 挡位），直到全部正常。

（3）波形的观察。调试时，一般是用万用表测量各级的输入、输出电压值，以及用示波器观察各级输入、输出波形，若与表 4-2 中的图相符，则电路工作正常。

**表 4-2　调试参数及波形**

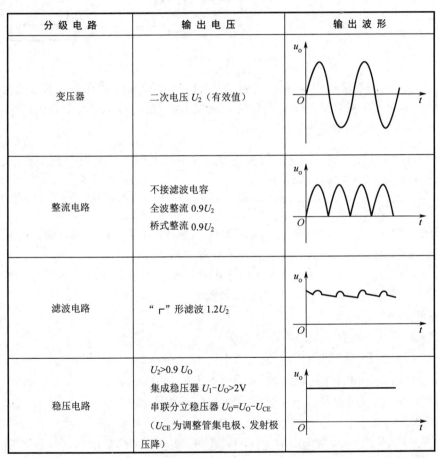

| 分 级 电 路 | 输 出 电 压 | 输 出 波 形 |
| --- | --- | --- |
| 变压器 | 二次电压 $U_2$（有效值） | |
| 整流电路 | 不接滤波电容<br>全波整流 $0.9U_2$<br>桥式整流 $0.9U_2$ | |
| 滤波电路 | "⌐"形滤波 $1.2U_2$ | |
| 稳压电路 | $U_2 > 0.9\,U_O$<br>集成稳压器 $U_1 - U_O > 2V$<br>串联分立稳压器 $U_O = U_O - U_{CE}$<br>（$U_{CE}$ 为调整管集电极、发射极压降） | |

**【注意】**

① 万用表的挡位：测试整流电路输入端（整流前）应为交流挡，整流后应为直流挡。

② 示波器：应正确选用 $Y$ 轴输入耦合开关挡位，整流前置"AC"挡，测试整流后各级电路波形时需要将耦合开关置于"DC"挡。

### 4．直流稳压性能指标的测试

（1）最大输出电流与额定输出电压的测试。

最大输出电流：稳压电源在正常工作的情况下能输出的最大电流。

额定输出电压：稳压电源中稳压器的输出电压。

① 测试电路。测试电路框图如图 4-8 所示。

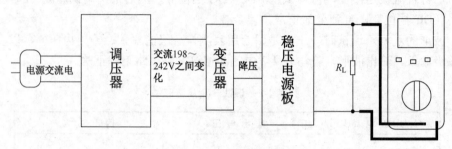

图 4-8　测试电路框图

② 测试方法：调整负载电阻，使 $R_L=U_O/I_O$（$U_O$ 稳压器输出电压）；测试输出电压值，交流输入电压 $U_I$ 调节到 220V，测试出的 $U_O$；测试 $I_{OM}$：再调节 $R_L$，使其逐渐减小，直到 $U_O$ 值下降 5%，此时负载 $R_L$ 中的电流即为 $I_{OM}$。

【注意】为提高精度，减小误差，应用直流数字电压表测量；在测量 $I_{OM}$ 时，记下 $I_{OM}$ 后应迅速增大 $R_L$ 以减小稳压器的功耗。

（2）稳压系数的测试。

稳压系数：表征稳压电源在电网电压波动时，输出电压稳定能力的参数。即输出电流不变时，输出电压相对变化量与输入电压相对变化量之比。

说明：由于工程中常把电网电压波动±10%作为测试条件，因此将该条件下的输出电压相对变化量作为衡量标准，所以称 $S_U$ 为电压调整率。

测试方法如下。

① 先调 $R_L$：使其达到满负载后保持不变。

② 测试 $U_{O1}$：调节自耦变压器，使输入电压 $U_{I1}=242V$。

③ 测试 $U_{O2}$：调节自耦变压器，使输入电压 $U_{I2}=198V$。

④ 测试 $U_O$：调节自耦变压器，使输入电压 $U_I=220V$。

公式计算

$$S_U=（\Delta U_O/U_O）/（\Delta U_I/U_I）=[220V/（242-198）]×（U_{O1}-U_{O2}）/U_O×100\%$$

（3）纹波电压的测量。

纹波电压：是指叠加在输出电压上的交流分量。

表示形式：为非正弦量，常用峰-峰值 $\Delta U_{OP\text{-}P}$ 表示，一般为毫伏级。

测试方法：用示波器的"AC"挡，选择适当 Y 轴灵敏度旋钮挡位，直到可以清晰地观察到脉动波形，从波形图中读出峰-峰值。

## 4.2.2　双 9V 直流电源

前面设计出了单电源输出电路，同理可以制作出双电源输出电路，其元器件清单如表 4-3 所示，仿真电路图如图 4-9 所示。

表 4-3　双 9V 直流电源仿真元器件清单

| 元器件名称 | 大 类 库 | 子 类 库 | 说　　明 |
|---|---|---|---|
| TRAN-2R3S | Inductors | Transformers | 双 9V 变压器 |
| 1N4007 | Diodes | Rectifiers | 整流二极管 |
| CAP-ELEC | Capacitors | Electrolytic Aluminum | 铝电解电容 |
| CAP | Capacitors | Generic | 非电解电容 |
| 7809 | Analog ICS | Regulators | 三端稳压器（正电压） |
| 7909 | Analog ICS | Regulators | 三端稳压器（负电压） |

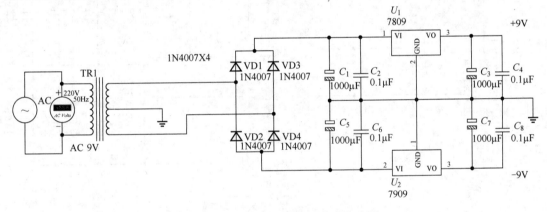

图 4-9　双 9V 输出电源电路仿真电路图

仿真时，交流电源 AC 的幅度 Amplitude 设置为 311V，频率 Frequency 设置为 50Hz。实物焊接时，按照电路参数选择元器件即可。

## 4.2.3　LM317、LM337 连续可调直流电源

### 1. 原理

（1）电源变压器。电压变压器采用降压变压器，将电网交流电压 220V 变换成需要的交流电压。此交流电压经过整流后，可获得电子设备所需要的直流电压。

（2）整流电路。整流电路用单相桥式整流电路，把 50Hz 的交流电变换成方向不变但大小仍有脉动的直流电。其优点是电压较高、纹波电压较小，变压器的利用率高。本电路用 4 个 Diode IN4007 做成一个全桥整流，电流大，配合本电路的大滤波电容，使得本电源的瞬间大

电流的供电特性好、噪声小、反应速度快、输出纹波小。

（3）滤波电路。滤波电路采用电容滤波电路，将整流电路输出的脉动成分大部分滤除，得到比较平滑的直流电。本电路采用 4 个 2200μF/25V 的电解电容两两并联使输出电压更加平滑，电源瞬间特性好，适合带感性负载，如电机的启动。两个并联的 2200V 电容同时并联了一只 0.1μF 的瓷片电容，滤去高频干扰，使输入到集成电路的直流电尽可能平滑和纯净。

（4）稳压电路。稳压电路由 LM317 输出正电源，LM337 输出负电源。LM317 和 LM337 均使用了内部热过载，包含过流保护、热关断和安全工作区补偿等完善的保护电路，使得电源可以节省保险丝等易损耗器件。

（5）保护电路。因为线性电源发热量较大，所以本电路在制作时接了地，用于帮助散热，如图 4-10 所示。

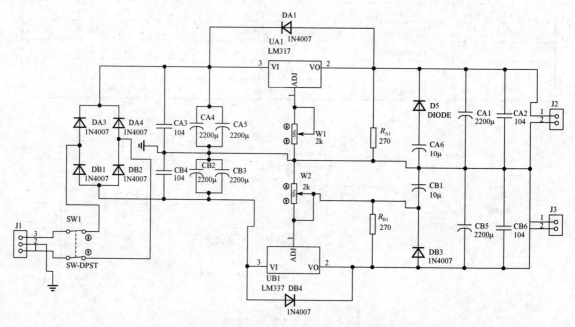

图 4-10　LM317、LM337 连续可调直流电源原理图

### 2. 主要元件参数

（1）LM317 与 LM337 的选择。LM317/LM337 的电压输出范围为 ±1.25～±37V，负载电流最大为 1.5A，仅需两个外接电阻来设置输出电压，连续可调。此外该器件内置过载保护电路、安全保护等多重保护功能。内阻小、电压稳定、噪声极低、输出波纹小，实际使用效果比 78XX、79XX 等稳压模组好。

（2）二极管 1N4007 的选择。DA1、DB4 的作用是防止输入短路时，CA1、CB5 经集成电路放电；DA2、DB3 的作用是防止输出短路时，CA6、CB1 通过集成电路放电。

（3）CA6、CB1 的选择。CA6、CB1 用于抑制纹波电压对电源调整的干扰，防止输出电压增大时纹波被放大。在 10V 应用中，10μF 电容在 120Hz 处改进纹波抑制约 15dB。

（4）变压器选择。考虑到平时使用的电源大多在 0～12V 之间，而且 LM317/LM337 的极限电压为 37V，所以选用变压器的输出电压为 ±12V，因为二极管 0.7V 的压降，则每一路输出为±11.3V。

（5）$R_{A1}/R_{B1}$ 为 270Ω 固定电阻，W1/W2 为 2kΩ 左右电位器。

### 3．实物装配图

LM317、LM337 连续可调直流稳压电源实物图，如图 4-11 所示。

图 4-11　LM317、LM337 连续可调直流稳压电源实物图

### 4．参数测试

稳压电源输出电压：在空载的情况下，正电源输出的电压范围为+1.20V～+15.2V，负电源输出的电压范围为-15.2～-1.20V；在带 100Ω 负载的情况下，正电源输出的电压范围为+1.20～+12V，负电源输出的电压范围为-12V～-1.20V。

## 实训 2　直流电源实训

### 1．实训目标

（1）理解直流稳压电源工作原理。
（2）会检测直流电源使用元器件的性能。
（3）按照电路原理图准确装配直流电源电路。
（4）调试出直流电源性能参数。

### 2．实训器材

电烙铁 1 把，镊子 1 把，吸锡器 1 把，松香 1 盒，焊锡丝若干，焊接用万能板 3 块，示波器 1 台，调压器 1 台，滑动变阻器 1 只，稳压电源电路所需元器件若干。

### 3．实训内容

（1）准备稳压电源电路焊接工具、元器件与仪器仪表等。
（2）焊接装配稳压电源电路。
（3）测试三端稳压电路整流输出波形与电压，滤波输出电压和波形，稳压输出电压，并观察纹波电压。
（4）测试双电源输出电压。
（5）测试可调电源的电压输出范围。

### 4．实训评价

| 评价内容 | 要　　求 | | | 配分 | 评分 |
|---|---|---|---|---|---|
| 纪律 | 不迟到，不早退，不旷课，不高声喧哗，不说粗话脏话 | | | 5分 | |
| 文明 | 各种电路所需元器件和线束摆放整齐，不损坏元器件、电烙铁、吸锡器和 PCB，不乱丢杂物，保持实训场地整洁 | | | 10分 | |
| 安全 | 元器件、电烙铁、吸锡器、剪线钳和镊子无人为破坏，仪器仪表无人为损坏 | | | 10分 | |
| 技能 | 三端直流稳压电源 | 整流输出 | 滤波输出 | 稳压输出 | 75分 |
| | 电压 | | | | |
| | 波形 | | | | |
| | 双 9V 直流电源 | 输出正电压值 | | 输出负电压值 | |
| | LM317、LM337 可调电源 | 正电源调整范围 | | 负电源调整范围 | |

# 4.3　变音门铃

**【学习导航】** 　本节知识内容主要使学生理解变音门铃电路原理，掌握变音门铃的制作方法，调试出变音门铃电路的参数。

## 4.3.1　工作原理与仿真

本电路是用 NE555 集成电路组成的多谐振荡器，如图 4-12 所示。当按下 $S_2$，电源经过 VD2 对 $C_1$ 充电，当集成电路的④脚（复位端）电压大于 1V 时，电路振荡，扬声器中发出"叮"声。松开按钮 $S_2$，$C_1$ 电容储存的电能经 R4 电阻放电，但集成电路④脚继续维持高电平而保持振荡，这时因 $R_1$ 电阻也接入振荡电路，振荡频率变低，使扬声器发出"咚"声。当 $C_1$ 电容器上的电能释放一定时间后，集成电路④脚电压低于 1V，此时电路将停止振荡。再按一次按钮，电路将重复上述过程。

## 4.3.2　元器件选择

### 1．元件清单

变音门铃电路所需元件清单如表 4-4 所示。

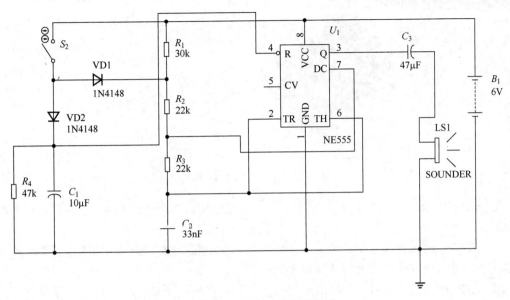

图 4-12    变音门铃仿真电路图

表 4-4    变音门铃电路元件清单

| 种　类 | 型　　号 | 数　量 |
| --- | --- | --- |
| 电阻 | $R_2$、$R_3$—22kΩ | 2 |
| | $R_4$—47kΩ | 1 |
| | $R_1$—30kΩ | 1 |
| 电容 | $C_1$—电解电容，10μF/10V | 1 |
| | $C_2$—涤纶电容，0.033μF | 1 |
| | $C_3$—电解电容，47μF/10V | 1 |
| 直流电源 | 6V（可以用 4.2 节中的第一个电源） | 1 |
| 二极管 | VD1、VD2—1N4148 | 2 |
| 扬声器 | 8Ω、0.25W | 1 |
| 门铃按钮 | $S_2$ | 1 |
| 其他 | 万能板、NE555 集成电路 | 1 |

## 2．NE555 介绍

NE555 实物与引脚图如图 4-13 所示。

各引脚功能如下。

① GND：电源地或低电平 0V。通常被连接到电路的公共地。

② TRIG：触发 NE555 使其启动的时间周期。触发信号上缘电压需大于 $2/3V_{CC}$，下缘电压需低于 $1/3V_{CC}$。

③ OUT：在 NE555 被触发的时间周期中，该输出引脚电平移至比电源电压少 1.7V 的高电平。周期结束以后，电平回复到 0V 左右的低电平。高电平时，该引脚最大输出电流约为 200mA。

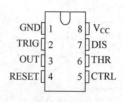

图 4-13　NE555 实物与引脚图

④ RESET：低电平有效的复位引脚，当一个低逻辑电平送至此引脚时会重置定时器和使输出回到一个低电位。它通常被接到正电源或忽略不用。

⑤ CTRL：此引脚准许由外部电压改变芯片的触发和闸限电压。在 NE555 的单稳态或振荡模式下，可以通过该引脚来改变或调整输出频率。

⑥ THR：阈值高于 $2/3V_{CC}$，使输出呈低态。当该引脚的电压从 $1/3V_{CC}$ 电压以下移至 $2/3V_{CC}$ 以上时启动这个动作。

⑦ DIS：该引脚和 OUT 引脚有着相同的低电平电流输出能力，当输出为高电平时，其对地为高阻抗；当输出为低电平时，其对地为低阻抗。

⑧ $V_{CC}$：NE555 的正电源电压端。标准电压范围为 4.5～16V。

## 实训 3　变音门铃实训

### 1．实训目标

（1）理解变音门铃电路工作原理。
（2）会检测变音门铃元器件的性能。
（3）按照电路原理图准确装配变音门铃电路。
（4）调试出变音门铃性能参数。

### 2．实训器材

电烙铁 1 把，镊子 1 把，吸锡器 1 把，松香 1 盒，焊锡丝若干，焊接用万能板 1 块，稳压源 1 台（或制作电源电路 1 个），示波器，变音门铃电路所需元器件若干。

### 3．实训内容

（1）装配。
① 检查元件的数量及种类；利用万用表检测元件参数。
② 按照原理图各元件之间的关系，在万能板上设计元件装配图形，并完成安装元件及焊接。
③ 整机装配完成后，必须仔细检查焊点与连线是否符合要求，每个元器件位置是否准确，

电解电容的极性与图纸要求是否一致。经过检查无误后，方可将集成电路的⑧引脚与电源相连，此时扬声器中有声音发出。

（2）调试与故障检测。

① 如果 VD2 接反，按下 $S_2$，电源不能对 $C_1$ 充电，④引脚无法达到触发电势而不能振荡，门铃电路不工作。

② 如果 $R_1$ 开路，当按下 $S_2$ 时，电路振荡并发出"叮"声；松开 $S_2$，因为振荡回路开路而不发出声音。

③ 调频率：按下 $S_2$ 并且调整 $R_2$、$R_3$ 和 $C_3$ 的数值可以改变声音的频率，$C_3$ 越小频率越高。

④ 改变 $C_2$ 的数值，变音门铃的音调会发生改变。

⑤ 断开 $S_2$，调整 $R_1$ 的阻值，使扬声器中发出"咚"声。

⑥ 变音门铃余音的长短，由 $C_1$、$R_4$ 的放电时间的长短决定，因此要改变断开 $S_2$ 后余音的长短可以调整 $C_1$、$R_4$ 的数值，一般余音不宜太长。

⑦ 此电路装配无误即可发出声音，如果发出声音后不能停止，则应该检查集成电路的④引脚的电压值。因为④引脚的电压大于 1V，电路才振荡。如果用电压表测量④引脚的电压时，振荡器过一段时间会停止振荡，而不接入电压表振荡器则不停止振荡，多数原因是 $R_4$ 电阻开路引起的。

⑧ 本机整机电流，等待电流约为 3.5mA，电流约为 35mA。

⑨ 集成电路的引脚电压参考值/V，如表 4-5 所示。

表 4-5　NE555 引脚电压

| NE555 | ① | ② | ③ | ④ | ⑤ | ⑥ | ⑦ | ⑧ |
|---|---|---|---|---|---|---|---|---|
| 不鸣叫/V | 0 | 0 | 0 | 0 | 4 | 0 | 0 | 6 |
| 鸣叫/V | 0 | 3.4 | 3.9 | >1 | 3.8 | 3.4 | 3.6 | 6 |

⑩ 观察 NE555 定时器③脚、⑥脚、⑦脚的波形。

### 4．实训评价

| 评价内容 | 要求 | | | | 配分 | 评分 |
|---|---|---|---|---|---|---|
| 纪律 | 不迟到、不早退、不旷课，不高声喧哗，不说粗话脏话 | | | | 5分 | |
| 文明 | 变音门铃电路所需元器件和线束摆放整齐，不损坏元器件、电烙铁、吸锡器和 PCB，不乱丢杂物，保持实训场地整洁 | | | | 10分 | |
| 安全 | 元器件、电烙铁、吸锡器、剪线钳和镊子无人为破坏，示波器、万用表无人为损坏 | | | | 10分 | |
| 技能 | NE555 | ① | …… | ⑧ | 75分 | |
| | 不鸣叫/V | | | | | |
| | 鸣叫/V | | | | | |
| | 波形测试 | ③ | ⑥ | | | |
| | 测试中出现故障 | | | | | |
| | 排除方法 | | | | | |

# 4.4 模拟"知了"电路

**【学习导航】** 本节知识内容主要使学生理解模拟"知了"电路工作原理，掌握模拟"知了"电路的制作方法，调试模拟"知了"电路的参数。

## 4.4.1 工作原理与仿真

如图 4-14 所示的电压原理图，由多谐振荡器和音频振荡器组成。多谐振荡器由 VT1、VT2 晶体三极管及 $R_1$、$R_2$、$R_3$、$R_4$、$C_1$、$C_2$、VD1、VD2 等阻容元件和发光二极管构成。输入信号从 $B$ 点通过电容器 $C_3$、电阻 $R_5$ 送到 VT3 的基极。VT3、VT4 及 $R_6$、$R_7$、$C_4$ 和扬声器等组成音频振荡器，其振荡频率由 $R_7$、$C_4$ 的数值决定，并受多谐振荡器输出电压的控制。当 VT2 由导通变为截止时，$B$ 点电压由低电平迅速变为高电平，这一正跳变脉冲加到 VT3 的基极和发射极之间，使 VT3 正偏压增大，音频振荡频率增高；反之，当 VT2 由截止变为导通时，使 VT3 正偏压减小，音频振荡频率变低。于是这一频率高低变化的音频信号经扬声器后，即发出连续不断的"知了"声音，发光管也同时闪烁，增加动态美感。

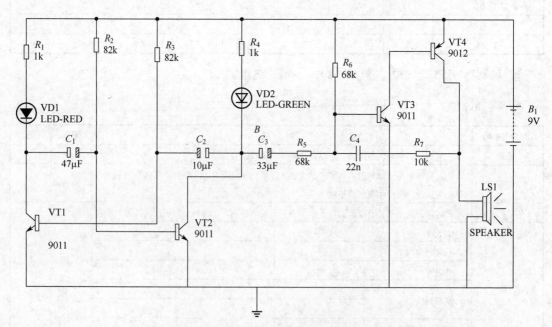

图 4-14 模拟"知了"声电子电路原理图

## 4.4.2　元器件选择

模拟"知了"电路所需元器件清单如表 4-6 所示。

表 4-6　模拟"知了"电路元器件清单

| 元器件种类 | 型　　号 | 数　　量 |
| --- | --- | --- |
| 扬声器 B | 8Ω，0.25W | 1 |
| 电解电容 | $C_1$—47μF/10V；$C_2$—10μF/10V；<br>$C_3$—33μF/10V | 各 1 个 |
| 涤纶电容 | $C_4$—0.022μF/63V | 1 |
| 电阻 | $R_1$、$R_4$—1kΩ；$R_2$、$R_3$—82kΩ；<br>$R_5$、$R_6$—68kΩ；$R_7$—10kΩ | 7 |
| 三极管 | VT1、VT2—9011 | 2 |
|  | VT3—3DD325（9011）；VT4—3CD325（9012 或 9015） | 各 1 个 |
| 二极管 | VD1、VD2　发光二极管（红、绿） | 各 1 个 |
| 印制电路板 | 万能板 | 1 |
| 直流稳压电源 | 9V | 1 |

# 实训 4　模拟"知了"电路实训

### 1．实训目标

（1）理解模拟"知了"电路工作原理。

（2）会检测模拟"知了"电路元器件的性能。

（3）按照电路原理图准确装配模拟"知了"电路。

（4）调试出模拟"知了"电路性能参数。

（5）学会模拟"知了"电路故障排除方法。

### 2．实训器材

电烙铁 1 把，镊子 1 把，吸锡器 1 把，松香 1 盒，焊锡丝若干，焊接用万能板 1 块，稳压源 1 台（或制作电源电路 1 个），模拟"知了"电路所需元器件若干。

### 3．实训内容

1）电路装配

（1）检查元件的数量及种类；利用万用表检测元件参数。

（2）利用万能板完成电路的设计及装配。

（3）检查印制电路板上所装配的元器件无搭锡、无装错后，方可接通电源。

2）电路调试

（1）改变"知了"声响间隔时间：改变 $C_2$ 电容值和 $R_3$。先接上 4.7μF/10V，通电发出"知了"声，再换上 22μF/10V 电容，通电发出"知了"声，比较两次声音的变化；$R_3$ 调整范围为 68～100kΩ。

（2）改变音频振荡器频率：$C_4$ 和 $R_7$。

（3）$C_3$、$R_5$：在电路中将前级振荡信号耦合到后级。断开 $R_5$，前后级各自振荡，VD1、VD2 正常闪烁，但扬声器只发出单一频率的声音。

3）电路故障排除

接通电源，扬声器应发出声响，同时发出二极管闪烁。

（1）如果发现发光二极管闪烁而扬声器不响，则应检查扬声器和音频振荡器工作是否正常。具体方法为：先用万用表的 $R×10$ 挡测量扬声器，注意测量时间不宜过长。在检测 VT3、VT4 三极管是否良好及 $C_4$、$R_7$ 是否偏离正常值。当输入 9V 工作电压时，VT3 的参考电压应为 $V_e$=0V、$V_b$=0.2V、$V_C$=5.6V；VT4 的参考电压应为 $V_e$=9V、$V_b$=5.6V、$V_c$=1V。

（2）如果扬声器发出连续不断的声响，模拟声不是"知了"声，且发光二极管不闪烁。则是多谐振荡器不工作。首先应检查 VD1、VD2 发光二极管的极性是否接反，再检查三极管 VT1、VT2 的极性安装是否正确，或该晶体管是否损坏。当接入 9V 工作电压时，VT1 的参考电压应为 $V_e$=0V、$V_b$=（-1.3～0.7）V、$V_c$=（0.1～1）V；VT2 的参考电压为 $V_e$=0V、$V_b$=（0.6～2.5）V、$V_c$=（0.6～1）V。

（3）如果 VD1、VD2 闪烁频率正常，扬声器仍旧发出连续不断的响声，则应检查 $C_3$ 和 $R_5$ 是否良好。

电路正常工作后，当 VT2 导通，VD2 亮，扬声器发出频率较低的"了"声。VT2 截止，VD2 灭，扬声器发出频率较高的"知"声。

【注意】电路工作时，测量各点的工作电压会影响声音的频率和脉冲的占空，这是因为接入万用表后影响了电路的 RC 值和负载。

## 4. 实训评价

| 评价内容 | 要　　求 | | | 配分 | 评分 |
|---|---|---|---|---|---|
| 纪律 | 不迟到，不早退，不旷课，不高声喧哗，不说粗话脏话 | | | 5分 | |
| 文明 | "知了"电路所需元器件和线束摆放整齐，不损坏元器件、电烙铁、吸锡器和 PCB，不乱丢杂物，保持实训场地整洁 | | | 10分 | |
| 安全 | 元器件、电烙铁、吸锡器、剪线钳和镊子无人为破坏，仪器仪表无人为损坏 | | | 10分 | |
| 技能 | | e | b | c | |
| | VT1（V） | | | | 75分 |
| | VT2（V） | | | | |
| | VT3（V） | | | | |
| | VT4（V） | | | | |
| | 测试中排故能力 | | | | |

# 4.5　水位控制器

【学习导航】　本节知识内容主要使学生理解水位控制电路工作原理，掌握水位控制电路的制作方法，调试出水位控制电路的参数。

## 4.5.1　工作原理与仿真

### 1. 目的要求

实现能保证被控制水箱中的水位在某一范围内。其电路如图 4-15 所示。图中 $A$、$B$、$C$ 三点分别为被控水箱的高水位点、中水位点和低水位点，必须用金属导线连接，高水位点与中水位点之间的距离，就是被控水位的范围。低水位点经常安装在水箱的底部。当水箱无水时，$AC$ 之间、$BC$ 之间、$AB$ 之间的电阻为这一段空气的电阻，可以认为是开路；当水在中水位点以上、高水位点以下时，$BC$ 之间的电阻就是水体的电阻，而 $AB$ 之间的电阻仍可以认为是开路；当水箱水满时，$AB$ 之间、$BC$ 之间、$AC$ 之间的电阻都为水体的电阻，对于普通自来水来说，此电阻值一般比较小，只有几千欧甚至更小。

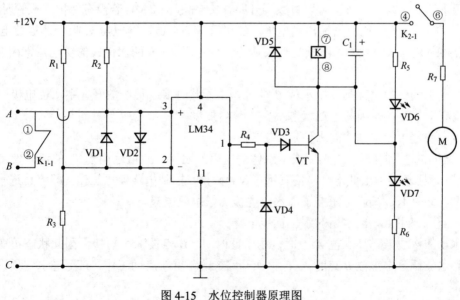

图 4-15　水位控制器原理图

### 2. 电路组成结构

（1）集成运算放大器 LM324：用作比较器。③脚和②脚是输入引脚，①脚是输出引脚。

（2）VD1、VD2：进行正负向限幅保护，保护集成运算放大器。

由于 $AC$ 之间的电阻要么是空气电阻开路，要么是水体电阻较小，其变化范围很大，对于比较器来说就是输入变化很大。

（3）VT 和 K：组成执行单元。三极管 VT 当作开关使用，它的工作状态受运算放大器 LM324 输出的控制。

（4）VD3、VD4、VD5：都是用来保护三极管 VT 的，其中 VD5 为续流二极管，用来沟通三极管关断瞬间 K 继电器线圈中电流通道。

（5）$C_1$：为浪涌电容。用来吸收三极管开通瞬间 K 线圈两端产生的感应电动势。

（6）VD6、VD7：是工作状态指示的发光二极管。VD6 为绿色，VD7 为红色。

工作过程：当三极管 VT 饱和导通时，VD6 的阴极相当于接地，电源经过 $R_5$ 向 VD6 供出电流使 VD6 发绿光，这时受 K 控制的水泵电动机工作，绿色二极管亮。当三极管 VT 截止时，K 线圈的直流电阻很小，三极管 VT 集电极电位近似于电源电压，因此可以认为 $R_5$ 与 VD6 串联的两端电压为零，VD6 中没有电流流过，即不亮；而 VD7 与 $R_6$ 串联的两端即为电源电压，使 VD7 中有电流流过，因此 VD7 发红光。由于三极管 VT 截止，因此受它控制的电动机不工作。因此，可以根据 VD6、VD7 的工作状态来判定整个电路的工作状态。

### 3. 控制原理

（1）当水箱中无水时。

运算放大器反向端的电位为 $U- = R_3 / (R_1 + R_3) \times V_{CC}$

运算放大器同向端的电位为 $U+ = R_{AC} / (R_{AC} + R_2) \times V_{CC}$

由于水箱无水，因此 $R_{AC}$ 可以看成为开路，$U-$ 约为 8.2 V，若没有保护二极管时，$U+$ 约为 12V，$U+$ 大于 $U-$，比较器输出高电平，三极管 VT 导通，继电器 K 吸合，被控电动机 M 运转，带动水泵向水箱泵水。由于此时 K 吸合，使接于 $A$、$B$ 两水位线的继电器常闭触头 $K_{1-1}$ 放开。

（2）当水箱中的水位到达中水位 $B$ 点时。由于此时 $K_{1-1}$ 已经放开，中水位电极引脚与控制电路脱离电气连接，因此电路状态不变，继续泵水。

（3）当水箱中的水到达高水位点 $A$ 点时。

$R_{AC}$ 之间的电阻由开路突然变成了水体的电阻的阻值，此值远小于 $R_3$ 的值。使得运放的 $U+$ 小于 $U-$，比较器输出低电平，使三极管 VT 截止，控制电路停止工作，即停止进水。K 的状态复位，此时 $K_{1-1}$ 接通，短接了高水位电极与低水位电极。

（4）当用户用水时，水箱的水位逐步下降。

当水箱的水位低于高水位 $A$ 点时，由于此时 $A$、$B$ 点被 $K_{1-1}$ 短接，因此状态不变。当继续用水到水位低于中水位 $B$ 点时，$AC$ 再次开路，电路重新启动工作，直至进水到预设高水位点为止。

可见，被控水箱的水可以保持在 $A \sim B$ 区间之内。仿真图如图 4-16 所示，抽水时电机转动如图 4-16（a）所示，水满时，可以将 $AC$ 短接模拟水满状态，电机停转如图 4-16（b）所示。

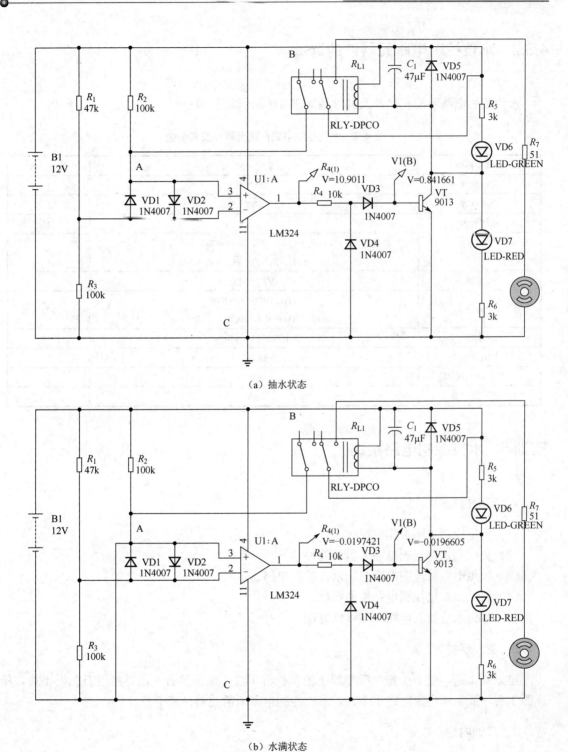

（a）抽水状态

（b）水满状态

图 4-16　水位控制器仿真图

### 4.5.2 水位控制电路元器件的选择

水位控制电路所需元器件及其参数如表 4-7 所示。

表 4-7 水位控制电路所需元器件及其参数

| 元器件种类 | 型　号 | 数　量 |
|---|---|---|
| 集成运放 | LM324 | 1 |
| 电解电容 | $C_1$—47μF/25V | 1 |
| 涤纶电容 | $C_4$—0.022μF/63V | 1 |
| 电阻 | $R_1$—47kΩ；$R_2$、$R_3$—100kΩ；<br>$R_4$—10kΩ；$R_5$、$R_6$—3kΩ；$R_7$—51Ω | 7 |
| 三极管 | VT—9013 | 1 |
| 二极管 | VD1～VD5—1N4001<br>VD6、VD7—发光二极管（红、绿） | 7 |
| 继电器 | DC12V JCZ7F（4099） | 1 |
| 直流电机 | LF280 | 1 |
| 印制电路板 | 万能板 | 1 |
| 直流稳压电源 | 12V | 1 |

## 实训 5　水位控制电路实训

### 1．实训目标

（1）水位控制电路工作原理。

（2）会检测水位控制电路元器件的性能。

（3）按照电路原理图准确装配水位控制电路。

（4）调试出水位控制电路性能参数。

（5）学会水位控制电路故障排除方法。

### 2．实训器材

电烙铁 1 把，镊子 1 把，吸锡器 1 把，松香 1 盒，焊锡丝若干，焊接用万能板 1 块，稳压源 1 台（或制作电源电路 1 个），水位控制电路所需元器件若干。

### 3．实训内容

1）电路制作

（1）筛选测试所给定的元器件。

（2）元器件引脚的清洁。

（3）元器件成形。

（4）元器件安装。

（5）元器件焊接及其引脚的处理。

（6）万能电路板组件装焊后的检查及缺陷修复。

2）电路功能测试

（1）不接水位控制线并断开运算放大器输出端到三极管 VT 的通路。接通 12V 直流电源，用 12V 直流电压正极直接碰触 $R_4$ 的断开点，继电器 K 应有通断反应。如果此极不正常，可以根据上面分析的此极工作原理来判断故障点（VT、K、VD3、VD4、VD5 和 $C_1$），排除故障使电路正常工作。

（2）接通 $R_4$ 与运算放大器的迪路，接通水位线，接通电源。按照下列步骤检查电路功能是否正常。

① 接通电源时，绿色发光二极管亮，电机转，抽水。

② 短接 $B$、$C$，电路状态不变。

③ 再短接 $A$、$B$、$C$，红色发光二极管亮，水满，电机停转。

④ 断开 $A$，电路状态不变，电机停转。

⑤ 再断开 $B$、$C$，电路状态应恢复，绿色二极管亮，电机转，抽水。

### 4. 实训评价

| 评 价 内 容 | 要　求 | | | | 配分 | 评分 |
|---|---|---|---|---|---|---|
| 纪律 | 不迟到，不早退，不旷课，不高声喧哗，不说粗话脏话 | | | | 5分 | |
| 文明 | 水位控制电路所需元器件和线束摆放整齐，不损坏元器件、电烙铁、吸锡器和 PCB，不乱丢杂物，保持实训场地整洁 | | | | 10分 | |
| 安全 | 元器件、电烙铁、吸锡器、剪线钳和镊子无人为破坏，仪器仪表无人为损坏 | | | | 10分 | |
| 技能 | | LM324①（V） | LM324②（V） | LM324③（V） | 9013 工作状态 | 75分 |
| | 电机转 | | | | | |
| | 电机停 | | | | | |
| | 演示无水、抽水和水满时电路工作状态 | | | | | |
| | 测试中故障分析 | | | | | |
| | 排除方法 | | | | | |

# 4.6  功 放 电 路

| 【学习导航】 | 本节知识内容主要使学生理解功放电路工作原理，掌握功放电路的制作方法，调试出功放电路的参数。 |
|---|---|

## 4.6.1 分立式功放

### 1. 电路原理

双电源电路设计如图 4-17 所示，由于该 OCL 功放的两个声道电路完全对称，因此这里只对其中的一路（如图 4-18 所示）的左声道电路进行说明。VT2、VT3 组成差分输入电路，输入的音频信号经放大后，从 VT3 集电极输出，$R_9$、VD1～VD3 上的压降为 VT4 和 VT7 提供直流偏置电压，用于克服两个引管的截止失真，音频信号经 VT4、VT7 预推放大后，具有足够的电流强度，然后送入 VT5、VT6 完成功率放大，信号正半周时，电流从正电流经 VT5 流向负载后到地，信号负半周时，电流从地经负载、VT6 流向电源负极，整个过程中，VT5、VT6 始终处于微导通状态，因此这种功率放大器也称为甲乙类互补对称功放电路，这种电路由于采用了直接耦合的方式，因此频率特性非常好，制作完成后的样机经输入不同频段正弦波信号后，从输出端的波形看，具有极高的保真度。

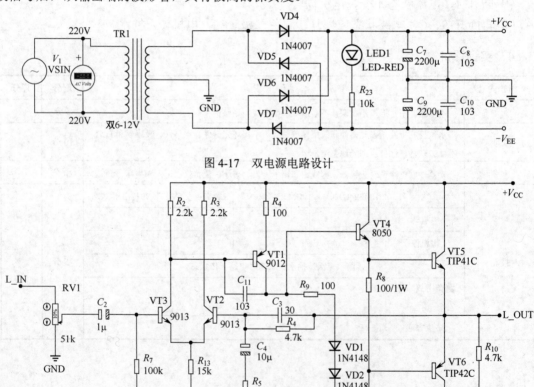

图 4-17  双电源电路设计

图 4-18  左声道功放电路

### 2．功率三极管介绍

TIP41 是 NPN 型三极管，TIP42 是 PNP 型三极管，把三极管的金属散热面放在平面板上（也就是有字的一面朝上），这三个引脚从左到右分别是基极 B、集电极 C、发射极 E，如图 4-19 所示。

B—基极；C—集电极；E—发射极

图 4-19 TIP41、TIP42 外形与引脚排列

### 3．电路安装

元件安装时有两根跳线需要特别注意，位于 VT5、VT6 边上，标有"J1、J2"处，若漏焊，功放将无法正常工作。需采用中心抽头双电源变压器 AC 初级 220V，次级 6～12V×2 组，功率为 10～30W（根据自己需要的功率决定），接线时中心抽头接于接线柱的中间，另两根线接于上、下两个位置上，音箱接线柱中间地线是共用的，另两根分别接在"L-OUT"和"R-OUT"的接线柱上。需要注意的是，两输出端千万不能短路，否则会立即烧坏功放管，通电后在 $C_7$ 和 $C_9$ 的两端产生正负直流电压，扬声器两端的电压为 0V，若这些参数正确，其他元件安装也正确，就能制作成功，实物装配图如图 4-20 所示。

图 4-20 OCL 分立元件实物装配图

### 4.6.2  TDA2030 功放（OCL）

#### 1. 电路原理

TDA2030 构成的 OCL 电路，其中 TDA2030 是高保真集成放大器芯片，其功率为 10W 以上，功率频率响应为 20～20kHz，输出电流峰值最大可达 3.5A。TDA2030 功效原理框图如图 4-21 所示，TDA2030 构成的功效电路原理图如图 4-22 所示，无输出电容功放电路，优点是省去体积较大的输出电容，频率特性好，缺点是需要双电源供电，对电源的要求稍高，增加了电源的复杂性。

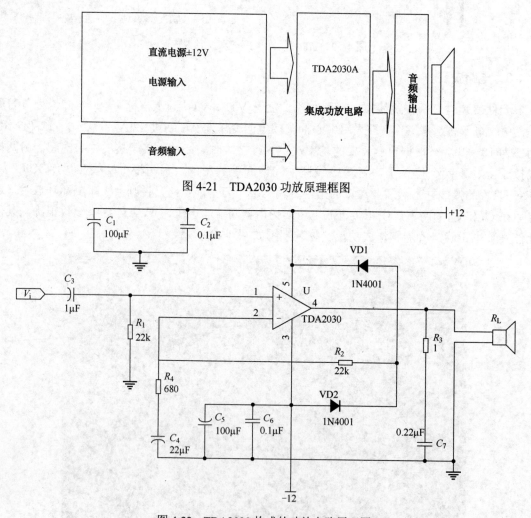

图 4-21　TDA2030 功放原理框图

图 4-22　TDA2030 构成的功放电路原理图

（1）同相输入端的电阻 $R_1$ 用在直流平衡电阻，一般取数十千欧，跟负载反馈的网络有关，这里取 $R_1$=22kΩ。$C_3$ 为耦合电容，用以去掉音频信号中的低频信号，与 $R_1$ 构成高通电路频率响应。

（2）电阻 $R_2$、$R_4$ 组成反馈回路，和 TDA2030 构成了一个同相比例放大电路，这个电压串联负反馈电路是整个功率放大电路的核心，本质和普通运放完全一致。$C_4$ 是耦合电容，作用是"通交隔直"，使交流放大器仅对交流信号产生放大作用，而对直流信号不产生任何放大作用。

① 对于直流信号，电容 $C_4$ 相当于"开路"，此时电阻 $R_4$ 不起作用，功率放大器和电阻 $R_2$ 构成的是一个电压跟随器，有"零输入，零输出"的性质。

② 对于交流信号，电容 $C_4$ 相当于"短路"，此时电阻 $R_2$、$R_4$ 组成同相比例放大器反馈回路，功率放大器的交流电压放大倍数为：

$$A_{uf}=1+R_2/R_4\approx33$$

（3）由于输出接的是喇叭，为感性，为防止其发生自激振荡，同时更好地滤波，保证输出信号更好，因此在输出端接上一个电容（陶瓷电容为 0.22μF）和一个电阻（1Ω）串联接地，对扬声器的频响特性进行补偿，使功率放大器的输出端总负载趋近于纯阻性。

（4）两个二极管 VD1 和 VD2 可在电流过大时保护电路，在实际电路中必不可少，因为扬声器的线圈振动时，切割磁力线会产生感应电动势，该感应电动势反过来加在功率放大器的输出端口，如果超过电源电压范围，二极管开始导通，将输出端的感应电动势进行钳位，采用普通整流二极管 1N4001。

因此，OCL 音频功率放大器能省掉输出耦合电容是采用了正负电源供电。

## 2．元件选择

（1）元件清单。TDA2030 功效所需元件清单如图 4-8 所示。

表 4-8　元件清单

| 元 件 种 类 | 型　号 | 数　量 |
|---|---|---|
| 功放 | TDA2030 | 1 |
| 电解电容 | $C_1$、$C_5$—100μF/16V；$C_3$—1μF/16V；$C_4$—22μF/16V | 4 |
| 瓷介电容 | $C_2$、$C_6$—0.1μF/63V；$C_7$—0.22μF/63V | 3 |
| 电阻 | $R_1$、$R_2$-22kΩ；$R_3$-1Ω；$R_4$-680Ω | 4 |
| 二极管 | VD1、VD2—1N4001 | 2 |
| 扬声器 | 8Ω/25W | 1 |
| 印制电路板 | 万能板 | 1 |
| 直流稳压电源 | 正负 12V | 1 |

（2）TDA2030。图 4-23 所示的是 TDA2030 外形，TDA2030 引脚功能：①脚是正相输入端；②脚是反向输入端；③脚是负电源输入端；④脚是功率输出端；⑤脚是正电源输入端。

## 3．电路测试

（1）测量输出电压放大倍数 $A_{uf}$。测试条件：直流电源电压 12V，输入信号 1kHz/300mV（振幅值 420mV），输出负载电阻为 8Ω。

图 4-23　TDA2030 外形

（2）测量允许的最大输入信号（1kHz）和最大不失真输出功率。测试条件：直流电源电压 12V，负载电阻为 8Ω。

（3）测量上、下限截止频率 $f_H$ 和 $f_L$。测试条件：直流电源电压 12V，输入信号 300mV（振幅值 420mV），改变输入信号频率，负载电阻为 8Ω。

（4）数据计算。在实验室里，选用低频信号发生器作信号源，用示波器观察波形，并测量出输出电压的有效值。测试取输入信号频率 $f$=1kHz　$V_i$=300mV　$R_L$=8Ω/25W，经测量和计算的参数如下。

① 输出电压（有效值）：

$$U_{om} \approx 9.24V$$

② 输出功率：

$$P_O = \frac{U_O^2}{R_L} \approx 10.58W$$

③ 电压放大倍：

$$A_u = \frac{U_O}{U_i} \approx 33$$

④ 电源平均供给功率：

$$P_i = 12.1V \times 1.30A \approx 15.8W$$

⑤ 转换效率：

$$\eta = \frac{P_O}{P_i} \approx 67.0\%$$

（5）频率响应测试。放大器的电压增益相对于中音频 $f_O$（1kHz）的电压增益下降 3dB 时，对应的低音频截止频率 $f_L$ 和高音频截止频率 $f_H$，称为放大器的频率响应。

在保证输入信号 $U_i$ 大小不变的条件下，改变低频信号发生器频率。用交流毫伏表测出 $U_O$=0.707$U_{om}$ 时，调节信号发生器的输出频率 $f_i$ 从 20Hz 到 50kHz 变化，测出所对应放大器上限截止频率 $f_H$ 和下限截止频率 $f_L$，算出频带宽度 $B$，参考值为：

① $f_L \approx 25Hz$

② $f_H \approx 26kHz$

③ $B=f_H-f_L \approx 26kH$

### 4.6.3　TDA1521 功放（OTL）

#### 1．电路原理

图 4-24 所示是采用 TDA1521 构成的功放电路图。TDA1521 是音频双功放，单列⑨脚直插封装，单电源供电，$V_{CC}=24V$，当负载为 $8\Omega$ 时，输出功率 $P_O=6W\times2$；双电源供电，当 $V_{CC}=+16V$，当负载为 $8\Omega$ 时，输出功率 $P_O=12W\times2$。如图 4-24 所示的电路中，为单电源供电电路。

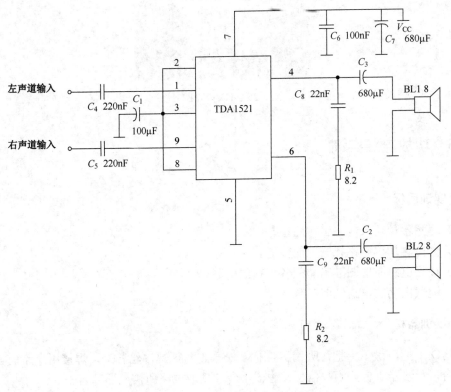

图 4-24　TDA1521 构成的功放电路图

双电源供电时，不用接电容 $C_2$ 和 $C_3$，④和⑥脚输出直接接扬声器，$C_1$ 省去，③脚接地。利用外加扬声器检验测试电路。

#### 2．TDA1521 介绍

如图 4-25 所示，TDA1521 的引脚功能如下。

① 脚：11V——反向输入 1（L 声道信号输入）。

② 脚：11V——正向输入。

③ 脚：11V——参考 1（OCL 接法时为 0V，OTL 接法时为 $1/2V_{CC}$）。

④ 脚：11V——输出 1（L 声道信号输出）。

⑤ 脚：0V——负电源输入（OTL 接法时接地）。

⑥ 脚：11V——输出 2（R 声道信号输出）。

⑦ 脚：22V——正电源输入。

⑧ 脚：11V——正向输入 2。

⑨ 脚：11V——反向输入 2（R 声道信号输入）。

图 4-25　TDA1521 外形

## 实训 6　功放电路实训

### 1．实训目标

（1）理解各种功放电路工作原理。

（2）会检测功放电路元器件的性能。

（3）按照电路原理图准确装配各种功放电路。

（4）调试出功放电路性能参数。

### 2．实训器材

电烙铁 1 把，镊子 1 把，吸锡器 1 把，松香 1 盒，焊锡丝若干，焊接用电路板 3 块，稳压源 2 台，示波器 1 台，函数信号发生器 1 台，功放电路所需元器件若干。

### 3．实训内容

分立元件功放电路参数测试：

（1）测试电源的正电压输出电压。

（2）测试负电源输出电压。

（3）差分电路输出电压 VT3 的集电极电压。

（4）偏置电路 9012 的集电极到 8550 的基极电压。

（5）TFG6960A 输入小信号正弦波 100～200mV，1kHz 输入信号，示波器检测，保存到示波器，输入信号加到 L-IN 和地，用示波器测试输出 L-OUT 到 GND 测试输出信号，记录输入输出的波形（频率和幅度），比较功放效果。

同理，可测试 TDA2030 功放和 TDA1521 功放的性能参数。

## 4．实训评价

| 评 价 内 容 | 要　　求 | | | 配分 | 评分 |
|---|---|---|---|---|---|
| 纪律 | 不迟到，不早退，不旷课，不高声喧哗，不说粗话脏话 | | | 5分 | |
| 文明 | 功放电路所需元器件和线束摆放整齐，不损坏元器件、电烙铁、吸锡器和 PCB，不乱丢杂物，保持实训场地整洁 | | | 10分 | |
| 安全 | 元器件、电烙铁、吸锡器、剪线钳和镊子无人为破坏，示波器、函数信号发生器和万用表无人为损坏 | | | 10分 | |
| 技能 | | OCL 分立元件功放 | TDA2030 | TDA1521 | 75分 | |
| | 功放增益 | | | | |
| | 功放通频带 | | | | |
| | 测试中故障及排除方法 | | | | |

# 附录 A

# 常用元器件参数表

## A.1 二极管参数

（1）普通整流二极管参数如附表 A-1 所示。

附表 A-1 普通整流二极管参数

| 型 号 | 最高反向峰值电压<br>（V） | 平均整流电流<br>（A） | 最大峰值浪涌电流<br>（A） | 最大反向漏电流<br>（UA） | 正向压降<br>（V） | 外 形 |
|---|---|---|---|---|---|---|
| 1N4001 | 50 | 1.0 | 30 | 5.0 | 1.0 | D0-41 |
| 1N4002 | 100 | 1.0 | 30 | 5.0 | 1.0 | D0-41 |
| 1N4003 | 200 | 1.0 | 30 | 5.0 | 1.0 | D0-41 |
| 1N4004 | 400 | 1.0 | 30 | 5.0 | 1.0 | D0-41 |
| 1N4005 | 600 | 1.0 | 30 | 5.0 | 1.0 | D0-41 |
| 1N4006 | 800 | 1.0 | 30 | 5.0 | 1.0 | D0-41 |
| 1N4007 | 1000 | 1.0 | 30 | 5.0 | 1.0 | D0-41 |
| 1N5391 | 50 | 1.5 | 50 | 5.0 | 1.5 | D0-15 |
| 1N5392 | 100 | 1.5 | 50 | 5.0 | 1.5 | D0-15 |
| 1N5393 | 200 | 1.5 | 50 | 5.0 | 1.5 | D0-15 |
| 1N5394 | 300 | 1.5 | 50 | 5.0 | 1.5 | D0-15 |
| 1N5395 | 400 | 1.5 | 50 | 5.0 | 1.5 | D0-15 |
| 1N5396 | 500 | 1.5 | 50 | 5.0 | 1.5 | D0-15 |
| 1N5397 | 600 | 1.5 | 50 | 5.0 | 1.5 | D0-15 |
| 1N5398 | 800 | 1.5 | 50 | 5.0 | 1.5 | D0-15 |
| 1N5399 | 1000 | 1.5 | 50 | 5.0 | 1.5 | D0-15 |
| RL151 | 50 | 1.5 | 60 | 5.0 | 1.5 | D0-15 |
| RL152 | 100 | 1.5 | 60 | 5.0 | 1.5 | D0-15 |
| RL153 | 200 | 1.5 | 60 | 5.0 | 1.5 | D0-15 |
| RL154 | 400 | 1.5 | 60 | 5.0 | 1.5 | D0-15 |

| 型　号 | 最高反向峰值电压<br>（V） | 平均整流电流<br>（A） | 最大峰值浪涌电流<br>（A） | 最大反向漏电流<br>（UA） | 正向压降<br>（V） | 外　形 |
|---|---|---|---|---|---|---|
| RL155 | 600 | 1.5 | 60 | 5.0 | 1.5 | D0-15 |
| RL156 | 800 | 1.5 | 60 | 5.0 | 1.5 | D0-15 |
| RL157 | 1000 | 1.5 | 60 | 5.0 | 1.5 | D0-15 |
| RL201 | 50 | 2 | 70 | 5 | 1 | D0-15 |
| RL202 | 100 | 2 | 70 | 5 | 1 | D0-15 |
| RL203 | 200 | 2 | 70 | 5 | 1 | D0-15 |
| RL204 | 400 | 2 | 70 | 5 | 1 | D0-15 |
| RL205 | 600 | 2 | 70 | 5 | 1 | D0-15 |
| RL206 | 800 | 2 | 70 | 5 | 1 | D0-15 |
| RL207 | 1000 | 2 | 70 | 5 | 1 | D0-15 |
| 2A01 | 50 | 2 | 70 | 5 | 1.1 | D0-15 |
| 2A02 | 100 | 2 | 70 | 5 | 1.1 | D0-15 |
| 2A03 | 200 | 2 | 70 | 5 | 1.1 | D0-15 |
| 2A04 | 400 | 2 | 70 | 5 | 1.1 | D0-15 |
| 2A05 | 600 | 2 | 70 | 5 | 1.1 | D0-15 |
| 2A06 | 800 | 2 | 70 | 5 | 1.1 | D0-15 |
| 2A07 | 1000 | 2 | 70 | 5 | 1.1 | D0-15 |
| RY251 | 200 | 3 | 150 | 5 | 3 | D0-27 |
| RY252 | 400 | 3 | 150 | 5 | 3 | D0-27 |
| RY253 | 600 | 3 | 150 | 5 | 3 | D0-27 |
| RY254 | 800 | 3 | 150 | 5 | 3 | D0-27 |
| RY255 | 1300 | 3 | 150 | 5 | 3 | D0-27 |
| 1N5401 | 50 | 3 | 200 | 5 | 1 | D0-27 |
| 1N5402 | 100 | 3 | 200 | 5 | 1 | D0-27 |
| 1N5403 | 150 | 3 | 200 | 5 | 1 | D0-27 |
| 1N5404 | 200 | 3 | 200 | 5 | 1 | D0-27 |
| 1N5405 | 400 | 3 | 200 | 5 | 1 | D0-27 |
| 1N5406 | 600 | 3 | 200 | 5 | 1 | D0-27 |
| 1N5407 | 800 | 3 | 200 | 5 | 1 | D0-27 |
| 1N5408 | 1000 | 3 | 200 | 5 | 1 | D0-27 |
| 6A05 | 50 | 6 | 400 | 10 | 0.95 | R-6 |
| 6A1 | 100 | 6 | 400 | 10 | 0.95 | R-6 |
| 6A2 | 200 | 6 | 400 | 10 | 0.95 | R-6 |
| 6A4 | 400 | 6 | 400 | 10 | 0.95 | R-6 |
| 6A6 | 600 | 6 | 400 | 10 | 0.95 | R-6 |
| 6A8 | 800 | 6 | 400 | 10 | 0.95 | R-6 |
| 6A10 | 1000 | 6 | 400 | 10 | 0.95 | R-6 |
| P600A | 50 | 6 | 400 | 10 | 0.95 | R-6 |

| 型 号 | 最高反向峰值电压<br>（V） | 平均整流电流<br>（A） | 最大峰值浪涌电流<br>（A） | 最大反向漏电流<br>（UA） | 正向压降<br>（V） | 外 形 |
|---|---|---|---|---|---|---|
| P600B | 100 | 6 | 400 | 10 | 0.95 | R-6 |
| P600D | 200 | 6 | 400 | 10 | 0.95 | R-6 |
| P600G | 400 | 6 | 400 | 10 | 0.95 | R-6 |
| P600J | 600 | 6 | 400 | 10 | 0.95 | R-6 |
| P600K | 800 | 6 | 400 | 10 | 0.95 | R-6 |
| P600M | 1000 | 6 | 400 | 10 | 0.95 | R-6 |

【注意】上表所列的"正向压降"是指管子在其平均整流电流状态下的压降，在超过此电流时，压降还可能增大。

（2）稳压二极管参数。稳压二极管型号对照表如附表 A-2 所示，摩托罗拉 N52 系列 0.5W 精密稳压管和 1N47 系列 1W 稳压分别如附表 A-3 和附表 A-4 所示。

附表 A-2　稳压二极管型号对照表

| 型 号 | 稳 压 值 | 型 号 | 稳 压 值 |
|---|---|---|---|
| 1N4727 | 3V0 | 1N4743 | 13V |
| 1N4728 | 3V3 | 1N4744 | 15V |
| 1N4729 | 3V6 | 1N4745 | 16V |
| 1N4730 | 3V9 | 1N4746 | 18V |
| 1N4731 | 4V3 | 1N4747 | 20V |
| 1N4732 | 4V7 | 1N4748 | 22V |
| 1N4733 | 5V1 | 1N4749 | 24V |
| 1N4734 | 5V6 | 1N4750 | 27V |
| 1N4735 | 6V2 | 1N4751 | 30V |
| 1N4736 | 6V8 | 1N4752 | 33V |
| 1N4737 | 7V5 | 1N4753 | 36V |
| 1N4738 | 8V2 | 1N4754 | 39V |
| 1N4739 | 9V1 | 1N4755 | 43V |
| 1N4740 | 10V | 1N4756 | 47V |
| 1N4741 | 11V | 1N4757 | 51V |
| 1N4742 | 12V | 1N4758 | 56V |

附表 A-3　摩托罗拉 1N52 系列 0.5W 精密稳压管

| 型 号 | 稳 压 值 | 型 号 | 稳 压 值 |
|---|---|---|---|
| 1N5226 | 3.3V | 1N5244 | 14V |
| 1N5227 | 3.6V | 1N5245 | 15V |
| 1N5228 | 3.9V | 1N5246 | 16V |
| 1N5229 | 4.3V | 1N5247 | 17V |
| 1N5230 | 4.7V | 1N5248 | 18V |

续表

| 型　号 | 稳　压　值 | 型　号 | 稳　压　值 |
|---|---|---|---|
| 1N5231 | 5.1V | 1N5249 | 19V |
| 1N5232 | 5.6V | 1N5250 | 20V |
| 1N5233 | 6V | 1N5251 | 22V |
| 1N5234 | 6.2V | 1N5252 | 24V |
| 1N5235 | 6.8V | 1N5253 | 25V |
| 1N5236 | 7.5V | 1N5254 | 27V |
| 1N5237 | 8.2V | 1N5255 | 28V |
| 1N5238 | 8.7V | 1N5256 | 30V |
| 1N5239 | 9.1V | 1N5257 | 33V |
| 1N5240 | 10V | 1N5730 | 5.6V |
| 1N5241 | 11V | 1N5731 | 6.2V |
| 1N5242 | 12V | 1N5732 | 6.8V |
| 1N5243 | 13V | 1N5733 | 7.5V |
| 1N5734 | 8.2V | 1N5987 | 3V |
| 1N5735 | 9.1V | 1N5988 | 3.3V |
| 1N5736 | 10V | 1N5989 | 3.6V |
| 1N5737 | 11V | 1N5990 | 3.9V |
| 1N5738 | 12V | 1N5991 | 4.3V |
| 1N5739 | 13V | 1N5992 | 4.7V |
| 1N5740 | 15V | 1N5993 | 5.1V |
| 1N5741 | 16V | 1N5994 | 5.6V |
| 1N5742 | 18V | 1N5995 | 6.2V |
| 1N5743 | 20V | 1N5996 | 6.8V |
| 1N5744 | 22V | 1N5997 | 7.5V |
| 1N5745 | 24V | 1N5998 | 8.2V |
| 1N5746 | 27V | 1N5999 | 9.1V |
| 1N5747 | 30V | 1N6006 | 18V |
| 1N5748 | 33V | 1N6007 | 20V |
| 1N5749 | 36V | 1N5986 | 2.7V |
| 1N5985 | 2.4V | | |

### 附表 A-4　摩托罗拉 1N47 系列 1W 稳压管

| 型　号 | 稳　压　值 | 型　号 | 稳　压　值 |
|---|---|---|---|
| 1N4728 | 3.3V | 1N4738 | 8.2V |
| 1N4729 | 3.6V | 1N4739 | 9.1V |
| 1N4730 | 3.9V | 1N4740 | 10V |
| 1N4731 | 4.3V | 1N4741 | 11V |
| 1N4732 | 4.7V | 1N4742 | 12V |
| 1N4733 | 5.1V | 1N4743 | 13V |

| 型　号 | 稳　压　值 | 型　号 | 稳　压　值 |
|---|---|---|---|
| 1N4734 | 5.6V | 1N4744 | 15V |
| 1N4735 | 6.2V | 1N4745 | 16V |
| 1N4736 | 6.8V | 1N4746 | 18V |
| 1N4737 | 7.5V | 1N4747 | 20V |
| 1N4748 | 22V | 1N4753 | 34V |
| 1N4749 | 24V | 1N4754 | 35V |
| 1N4750 | 27V | 1N4755 | 36V |
| 1N4751 | 30V | 1N4756 | 47V |
| 1N4752 | 33V | 1N4757 | 51V |

# A.2　三极管参数

## 1. 常用国外三极管型号

（1）9000 系列晶体三极管分类及参数如附表 A-5 所示。

附表 A-5　9000 系列晶体三极管分类及参数

| 型　号 | 管　型 | 用　途 | $U_{cbo}$/V | $I_{CM}$/mA | $P_{cm}$/W | $f_T$/MHz |
|---|---|---|---|---|---|---|
| 9011 | NPN | 高放 | 50 | 30 | 0.4 | 150 |
| 9012 | PNP | 功放 | 40 | 500 | 0.6 | 150 |
| 9013 | NPN | 功放 | 40 | 500 | 0.6 | 150 |
| 9014 | NPN | 低放 | 50 | 100 | 0.4 | 150 |
| 9015 | PNP | 低放 | 50 | 100 | 0.4 | 100 |
| 9016 | NPN | 高放 | 30 | 25 | 0.4 | 620 |
| 9018 | NPN | 高放 | 30 | 50 | 0.4 | 700 |

（2）9000 系列晶体管放大倍数如附表 A-6 所示。

附表 A-6　9000 系列晶体三极管放大倍数

| 型　号 | A | B | C | D | E | F | G | H | I |
|---|---|---|---|---|---|---|---|---|---|
| 9011 | | | | 28～45 | 39～60 | 54～80 | 72～108 | 94～146 | 132～198 |
| 9012 | | | | 64～91 | 78～112 | 96～135 | 112～166 | 144～202 | |
| 9013 | | | | 64～91 | 78～112 | 96～135 | 112～166 | 144～202 | |
| 9014 | 60～150 | 100～300 | 200～600 | 400～1000 | | | | | |
| 9015 | 60～150 | 100～300 | 200～600 | | | | | | |
| 9016 | | | | 28～45 | 39～60 | 54～80 | 72～108 | 94～146 | 132～198 |
| 9018 | | | | 28～45 | 39～60 | 54～80 | 72～108 | 94～146 | 132～198 |

（3）部分国外低、中频小功率三极管的型号和主要特征参数如附表 A-7 所示。

附表 A-7　部分国外低、中频小功率三极管的型号和主要特征参数

| 型　号 | 管　型 | $P_{cm}$（mW） | $I_{CM}$/mA | $U_{ceo}$（V） | $U_{ceo}$（V） |
|---|---|---|---|---|---|
| 2N2726、2N2727 | 硅 NPN | 1500 | 500 | 200 | 15 |
| 2N2944-2N2946 | 硅 PNP | 400 | −100 | −15 | 5-15 |
| 2N2970、2N2971 | 硅 PNP | 150 | −50 | −20 | 8 |
| 2N3439 | 硅 NPN | 1000 | 500 | 350 | 15 |
| 2N3440 | 硅 NPN | 1000 | 500 | 250 | 15 |
| 2N4931 | 硅 PNP | 1000 | −500 | −250 | 20 |
| 2N5058 | 硅 NPN | 1000 | 150 | 230 | 20 |
| 2SB134、2SB135 | 锗 PNP | 100 | −50 | −30 | 0.8 |
| 2SA504 | 硅 PNP | 800 | −2000 | −250 | 30 |
| 2SA510 | 硅 PNP | 800 | −1500 | −100 | 20 |
| 2SA512 | 硅 PNP | 800 | −1500 | −60 | 20 |
| 2SA940 | 硅 PNP | 1500 | −1500 | −150 | 4 |
| 2SC505 | 硅 NPN | 800 | 600 | 300 | 30 |
| 2SC506 | 硅 NPN | 600 | 200 | 200 | 30 |
| 2SC510 | 硅 NPN | 800 | 1500 | 100 | 20 |
| 2SC512 | 硅 NPN | 800 | 1500 | 60 | 20 |
| 2SC627F | 硅 NPN | 700 | 200 | 200 | 6 |
| 2SC727 | 硅 NPN | 350 | 100 | 100 | 10 |
| 2SC728 | 硅 NPN | 350 | 100 | 200 | 10 |
| 2SC827 | 硅 NPN | 700 | 500 | 60 | 8 |
| 2SC1815 | 硅 NPN | 400 | 150 | 60 | 8 |
| 2SC2073 | 硅 PNP | 1500 | −1500 | −150 | 4 |
| 2SC2462 | 硅 NPN | 150 | 100 | 50 | 1 |
| 2SC2465 | 硅 NPN | 200 | 20 | 20 | 0.55 |
| 2SC3544 | 硅 NPN | 250 | 50 | 30 | 2 |

## 2．常用国内三极管型号

（1）部分国产低频小功率三极管型号和主要特性参数如附表 A-8 所示。

附表 A-8　部分国产低频小功率三极管型号和主要特性参数

| 型　号 | 管　型 | $P_{cm}$（mW） | $I_{cm}$/mA | $\beta U_{ceo}$（V） | $f_{\beta}$（kHz） |
|---|---|---|---|---|---|
| 3AX31A-3AX31C | 锗 PNP | 125 | 125 | 20～40 | ≥8 |
| 3AX31D-3AX31E | 锗 PNP | 100 | 30 | 30 | ≥8-15 |
| 3AX34A-3AX34K | 锗 PNP | 125 | 125 | 15～30 | ≥500～1000 |
| 3AX51A-3AX51D | 锗 PNP | 100 | 100 | 30 | ≥500 |
| 3AX52A-3AX52D | 锗 PNP | 150 | 150 | 30 | ≥500 |
| 3AX53A-3AX53D | 锗 PNP | 200 | 200 | 30 | ≥500 |

| 型　号 | 管　型 | $P_{cm}$（mW） | $Icm/mA$ | $\beta U_{ceo}$（V） | $f_{\beta}$（kHz） |
|---|---|---|---|---|---|
| 3AX54A-3AX54D | 锗 PNP | 200 | 160 | 65～100 | ≥500 |
| 3AX55A-3AX55D | 锗 PNP | 500 | 500 | 50～100 | ≥500 |
| 3AX61-3AX63 | 锗 PNP | 500 | 500 | 50～80 | ≥200 |
| 3AX81A、3AX81B | 锗 PNP | 200 | 200 | 20～30 | ≥6 |
| 3AX83A-3AX83D | 锗 PNP | 500～1000 | 500 | 40～90 | ≥5 |
| 3AX85A-3AX85C | 锗 PNP | 300 | 500 | 30 | ≥6 |
| 3BX31B | 锗 NPN | 125 | 125 | 18 | ≥8 |
| 3BX31C | 锗 NPN | 125 | 125 | 24 | ≥8 |
| 3BX55M | 锗 NPN | 500 | 500 | 12 | ≥6 |
| 3BX55A | 锗 NPN | 500 | 500 | 20 | ≥6 |
| 3BX55B | 锗 NPN | 500 | 500 | 30 | ≥6 |
| 3BX55C | 锗 NPN | 500 | 500 | 45 | ≥6 |
| 3BX81A | 锗 NPN | 200 | 200 | 10 | ≥6 |
| 3BX81B | 锗 NPN | 200 | 200 | 15 | ≥8 |
| 3BX85A | 锗 NPN | 300 | 500 | 12 | ≥6 |
| 3BX85B | 锗 NPN | 300 | 500 | 18 | ≥8 |
| 3BX85C | 锗 NPN | 300 | 500 | 24 | ≥8 |

（2）3DD 系列大功率三极管型号和主要特性参数如附表 A-9 所示。

附表 A-9　3DD 系列大功率三极管型号和主要特性参数

| 型　号 | 管　型 | $P_{cm}$（W） | $I_{cm}/A$ | $\beta U_{ceo}$（V） | $f_{T}$（MHz） |
|---|---|---|---|---|---|
| 3DD1A/F | | 1 | 0.5 | 30～180 | 1 |
| 3DD2A/F | | 3 | 1 | 30～180 | 5 |
| 3DD3A/F | | 5 | 2 | 30～180 | 5 |
| 3DD4A/I | | 10 | 1.5 | 50～600 | 5 |
| 3DD5A/I | | 25 | 2 | 50～600 | 5 |
| 3DD6A/I | | 50 | 5 | 50～600 | 5 |
| 3DD7A/I | | 75 | 7.5 | 50～600 | 20 |
| 3DD8A/I | | 100 | 10 | 50～600 | 5 |
| 3DD9A/I | | 150 | 15 | 50～600 | 2 |
| 3DD10A/I | 硅 NPN | 200 | 20 | 50～600 | 1 |
| 3DD11A/I | | 300 | 30 | 50～600 | 1 |
| 3DD50A/F | | 1 | 0.5 | 30～180 | ≥1 |
| 3DD100A/E | | 20 | 2 | 100～300 | ≥1 |
| 3DD151A/F | | 5 | 1 | 50～300 | ≥1 |
| 3DD160A/F | | 50 | 5 | 50～300 | ≥1 |
| 3DD167A/F | | 150 | 15 | 50～300 | ≥1 |
| 3DD170A/F | | 200 | 20 | 50～300 | ≥1 |
| 3DD174A/F | | 250 | 25 | 50～300 | ≥1 |
| 3DD176A/F | | 300 | 30 | 50～300 | ≥1 |

（3）部分 NPN 大功率三极管型号和主要特性参数如附表 A-10 所示。

附表 A-10　部分 NPN 大功率三极管型号和主要特性参数

| 型　　号 | $P_{cm}$（W） | $I_{cm}$/A | $\beta U_{cbo}$（V） | $f_T$（MHz） | $\beta$ |
|---|---|---|---|---|---|
| 3DA1A-3DA1E | 7.5 | 1 | 30～70 | 50～100 | ≥10，分挡 |
| 3DA2A-3DA2E | 5 | 0.75 | 30～70 | 100～150 | ≥15，分挡 |
| 3DA3A、3DA3B | 20 | 2.5 | 50～80 | 70～80 | ≥10，分挡 |
| 3DA4A-3DA4C | 20 | 2.5 | 60～80 | 30～70 | ≥15，分挡 |
| 3DA5A-3DA5F | 12.5 | 1.0 | 45～80 | 100～150 | ≥15，分挡 |
| 3DA10A-3DA10E | 7.5 | 1.0 | 40～60 | 100～200 | ≥15，分挡 |
| 3DA11A-3DA11D | 10 | 1.5 | 50～130 | 30～40 | ≥15，分挡 |
| 3DA14A-3DA14E | 5 | 0.75 | 30～90 | 100～200 | ≥15，分挡 |
| 3DA15A-3DA15E | 20 | 2.5 | 30～70 | 50～70 | ≥15，分挡 |
| 3DA20A-4DA20D | 20 | 2.5 | 30～70 | 30～100 | ≥15，分挡 |
| 3DA28A-3DA28E | 7.5 | 1.0 | 30～100 | 50～100 | ≥15，分挡 |
| 3DA29A-3DA29E | 2.5 | 1.0 | 30～60 | 50 | ≥15，分挡 |
| 3DA30A-3DA30E | 50 | 5.0 | 30～70 | 30～50 | ≥10，分挡 |
| 3DA50A-3DA50E | 50 | 5.0 | 30～150 | 20 | ≥10，分挡 |
| 3DA96A-3DA96E | 20 | 2.5 | 30～80 | 30～70 | ≥15，分挡 |
| 3DA97A-3DA97C | 40 | 5.0 | 40～70 | 30 | ≥15，分挡 |
| 3DA98A-3DA98E | 40 | 5.0 | 50～90 | 60～90 | ≥15，分挡 |
| 3DA101、3DA102、3DA104、3DA106 | 7.5 | 1.0 | 40～70 | 50～150 | ≥15，分挡 |
| 3DA103 | 3 | 0.3 | 50 | ≥200 | ≥20，分挡 |
| 3DA105A、3DA105B | 4 | 0.4 | 45～60 | ≥600 | ≥10，分挡 |
| 3DA107A、3DA107B | 15 | 1.5 | 40～60 | ≥400 | ≥10，分挡 |
| 3DA108A、3DA108B | 1.5 | 0.2 | 40 | ≥400 | ≥10，分挡 |
| 3DA151A-3DA151D | 1 | 0.1 | 100～250 | ≥50 | 30～250 |
| 3DA152A-3DA152J | 3 | 0.3 | 30～250 | ≥50 | 30～250 |
| 3DA190 | 2 | 0.3 | 20 | ≥600 | ≥10，分挡 |
| 3DA192 | 7.5 | 2.0 | 18 | ≥60 | ≥10，分挡 |
| 3DG27A-3DG27F | 1 | 0.5 | 60～250 | ＞80 | ≥20 |
| 3DG8050 | 2 | 1.5 | 25 | 150 | 40-200 |
| 3DG41A-3DG41G | 1 | 0.1 | 20～260 | ＞100 | ≥20 |
| 3DG83A-3DG83E | 1 | 0.1 | 50～200 | 50～100 | ≥20 |
| 3DG9113 | 2 | 1.5 | 25 | 140 | 30～300 |

附录 B

# Proteus 元件库中英文对照表

Proteus ISIS 的库元件是按类存放的，类→子类（或生产厂家）→元件，对于比较常用的元件需要记住它的名称，通过直接输入来拾取。另外一种拾取方法是按类查询，也非常方便。选取元件所在的大类（Category）后，再选子类（Sub-category），也可以直接选生产厂家（Manufacturer），会在查找结果中显示符合条件的元件列表。

## B.1 36 大类（Category）

（1）Analog ICs：模拟集成器件。

（2）Capacitors：电容。

（3）CMOS 4000 series：CMOS 4000 系列。

（4）Connectors：接头。

（5）Data Converters：数据转换器。

（6）Debugging Tools：调试工具。

（7）Diodes：二极管。

（8）ECL 10000 series：ECL 10000 系列。

（9）Electromechanical：电机。

（10）Inductors：电感。

（11）Laplace Primitives：拉普拉斯模型。

（12）Mechanics：力学器件。

（13）Memory ICs：存储器芯片。

（14）Microprocessor ICs：微处理器芯片。

（15）Miscellaneous 混杂器件。

（16）Modelling Primitives：建模源。

（17）Operational Amplifiers：运算放大器。

（18）Optoelectronics：光电器件。

（19）PICAXE PICAXE：单片机。

（20）PLDs and FPGAs：可编程逻辑器件和现场可编程门阵列。

（21）Resistors：电阻。

（22）Simulator Primitives：仿真源。

（23）Speakers and Sounders：扬声器和声响。

（24）Switches and Relays：开关和继电器。

（25）Switching Devices：开关器件。

（26）Thermionic Valves：热离子真空管。

（27）Transducers：传感器。

（28）Transistors：晶体管。

（29）TTL 74 Series：标准 TTL 系列。

（30）TTL 74ALS Series：先进的低功耗肖特基 TTL 系列。

（31）TTL 74AS Series：先进的肖特基 TTL 系列。

（32）TTL 74F Series：快速 TTL 系列。

（33）TTL 74HC Series：高速 CMOS 系列。

（34）TTL 74HCT Series：与 TTL 兼容的高速 CMOS 系列。

（35）TTL 74LS Series：低功耗肖特基 TTL 系列。

（36）TTL 74S Series：肖特基 TTL 系列。

# B.2  子类（Sub-category）

## 1. Analog ICs（模拟集成器件）

（1）Amplifier：放大器。

（2）Comparators：比较器。

（3）Display Drivers：显示驱动器。

（4）Filters：滤波器。

（5）Miscellaneous：混杂器件。

（6）Multiplexers：多路复用器。

（7）Regulators：三端稳压器。

（8）Timers 555：定时器。

（9）Voltage References：参考电压。

## 2. Capacitors（电容）

（1）animated：可显示充放电电荷电容。

（2）Audio Grade Axial：音响专用电容。

（3）Axial Lead Polypropene：径向轴引线聚丙烯电容。

（4）Axial Lead Polystyrene：径向轴引线聚苯乙烯电容。

（5）Ceramic Disc：陶瓷圆片电容。

（6）Decoupling Disc：解耦圆片电容。

（7）Electrolytic Aluminum：电解铝电容。

（8）Generic：普通电容。

（9）High Temp Radial：高温径向电容。

（10）High Temp Axial Electrolytic：高温径向电解电容。

（11）Metallised Polyester Film：金属聚酯膜电容。

（12）Metallised polypropene：金属聚丙烯电容。

（13）Metallised Polypropene Film：金属聚丙烯膜电容。

（14）Mica RF Specific：特殊云母射频电容。

（15）Miniture Electrolytic：微型式电解电容。

（16）Multilayer Ceramic：多层陶瓷电容。

（17）Multilayer Ceramic COG：多层陶瓷 COG 电容。

（18）Multilayer Ceramic NPO：多层陶瓷 NPO 电容。

（19）Multilayer Ceramic X5R：多层陶瓷 X5R 电容。

（20）Multilayer Ceramic X7R：多层陶瓷 X7R 电容。

（21）Multilayer Ceramic Y5V：多层陶瓷 Y5V 电容。

（22）Multilayer Ceramic Z5U：多层陶瓷 Z5U 电容。

（23）Multilayer Metallised Polyester Film：多层金属聚酯膜电容。

（24）Mylar Film：聚酯薄膜电容。

（25）Nickel Barrier：镍栅电容。

（26）Non Polarised：无极性电容。

（27）Poly Film Chip：聚乙烯膜芯片电容。

（28）Polyester Layer：聚酯层电容。

（29）Radial Electrolytic：径向电解电容。

（30）Resin Dipped：树脂蚀刻电容。

（31）Tantalum Bead：钽珠电容。

（32）Tantalum SMD：贴片钽电容。

（33）Thin film：薄膜电容。

（34）Variable：可变电容。

（35）VX Axial Electrolytic VX：轴电解电容

## 3. CMOS 4000 series（CMOS 4000 系列）

（1）Adders：加法器。

（2）Buffers&Drivers：缓冲和驱动器。

（3）Comparators：比较器。

（4）Counters：计数器。

（5）Decoders：译码器。

（6）Encoders：编码器。

（7）Flip-Flops&Latches：触发器和锁存器。

（8）Frequency Dividers&Timers：分频和定时器。

（9）Gates&Inverters：门电路和反向器。

（10）Memory：存储器。

（11）Misc.Logic：混杂逻辑电路。

（12）Mutiplexers：数据选择器。

（13）Multivibrators：多谐振荡器。

（14）Phase-locked Loops（PLLs）：锁相环。

（15）Registers：寄存器。

（16）Signal Switcher：信号开关

### 4．Connectors（接头）

（1）Audio：音频接头。

（2）D-Type：D 型接头。

（3）DIL：双排插座。

（4）FFC/FPC Connectors：挠性扁平电缆/挠性印制电缆接头。

（5）Header Blocks：插头。

（6）IDC Headers Insulation Displacement Connectors：绝缘层信移连接件接头。

（7）Miscellaneous：各种接头。

（8）PCB Transfer PCB：传输接头。

（9）PCB Transition Connector PCB：转换接头。

（10）Ribbon Cable：带状电缆。

（11）Ribbon Cable/Wire Trap Connector：带状电缆/线接头。

（12）SIL：单排插座。

（13）Terminal Blocks：接线端子台。

（14）USB for PCB Mounting PCB：安装的 USB 接头。

### 5．Data Converters（数据转换器）

（1）A/D Converters：模数转换器。

（2）D/A Converters：数模转换器。

（3）Light Sensors：光传感器。

（4）Sample&Hold：采样保持器。

（5）Temperature Sensors：温度传感器

### 6．Debugging Tools（调试工具）

Break point Triggers Logic Probes Logic Stimuli：断点触发器、逻辑输出探针、逻辑状态输入。

### 7．Diodes（二极管）

（1）Bridge Rectifiers：整流桥。

（2）Generic：普通二极管。

（3）Rectifiers：整流二极管。

（4）Schottky：肖特基二极管。

（5）Switching：开关二极管。

（6）Transient Suppressors：瞬态电压抑制二极管。

（7）Tunnel：隧道二极管。

（8）Varicap：变容二极管。

（9）Zener：稳压二极管。

## 8．ECL 10000 series ECL10000 系列

无子类。

## 9．Electromechanical（电机）

无子类。

## 10．Inductors（电感）

（1）Fixed Inductors：固定电感。

（2）Generic：普通电感。

（3）Multilayer Chip Inductors：多层芯片电感。

（4）SMT Inductors：表面安装技术电感。

（5）Surface Mount Inductors：表面安装电感。

（6）Tight Tolerance RF Inductor：紧密度容限射频电感。

（7）Transformers：变压器。

## 11．Laplace Primitives（拉普拉斯模型）

（1）1st Order：一阶模型。

（2）2nd Order：二阶模型。

（3）Controllers：控制器。

（4）Non-Linear：非线性模型。

（5）Operators：算子。

（6）Poles/Zeros：极点/零点。

（7）Symbols：符号。

## 12．Mechanics（力学器件）

无子类。

## 13．Memory ICs（存储器芯片）

（1）Dynamic RAM：动态数据存储器。

（2）EEPROM：电可擦除程序存储器。

（3）EPROM：可编程程序存储器。

（4）I2C Memories I2C：总线存储器。

（5）Memory Cards：存储卡。

（6）SPI Memories SPI：总线存储器。

（7）Static RAM：静态数据存储器。

（8）UNI/O Memories：非输入输出存储器。

## 14．Microprocessor ICs（微处理器芯片）

（1）68000 Family：68000 系列。

（2）8051 Family：8051 系列。

（3）ARM Family：ARM 系列。

（4）AVR Family：AVR 系列。

（5）Basic Stamp Modules Parallax：公司微处理器。

（6）DSPIC33 Family：DSPIC33 系列。

（7）HC11 Family：HC11 系列。

（8）I86 Family：I86 系列。

（9）Peripherals CPU：外设。

（10）PIC10 Family：PIC10 系列。

（11）PIC12 Family：PIC12 系列。

（12）PIC16 Family：PIC16 系列。

（13）PIC18 Family：PIC18 系列。

（14）PIC24 Family：PIC24 系列。

（15）Z80 Family：Z80 系列。

## 15．Miscellaneous（混杂器件）

无子类。

## 16．Modelling Primitives（建模源）。

（1）Analog（SPICE）：模拟（仿真分析）。

（2）Digital（Buffers&Gates）：数字（缓冲器和门电路）。

（3）Digital（Combinational）：数字（组合电路）。

（4）Digital（Miscellaneous）：数字（混杂）。

（5）Digital（Sequential）：数字（时序电路）。

（6）Mixed Mode　混合模式。

（7）PLD Elements：可编程逻辑器件单元。

（8）Realtime（Actuators）：实时激励源。

（9）Realtime（Indictors）：实时指示器。

### 17. Operational Amplifiers（运算放大器）

Dual Ideal Macromodel Octal Quad Single Triple：双运放、理想运放、大量使用的运放、八运放、四运放、单运放、三运放。

### 18. Optoelectronics（光电器件）

（1）14-Segment Displays：14 段显示。

（2）16-Segment Displays：16 段显示。

（3）7- Segment Displays：7 段显示。

（4）Alphanumeric LCDs：液晶数码显示。

（5）Bargraph Displays：条形显示。

（6）Dot Matrix Displays：点阵显示。

（7）Graphical LCDs：液晶图形显示。

（8）Lamps：灯。

（9）LCD Controllers：液晶控制器。

（10）LCD Panels Displays：液晶面板显示。

（11）LEDs：发光二极管。

（12）Optocouplers：光电耦合器。

（13）Serial LCDs：串行液晶显示。

### 19. PICAXE PICACE（单片机）

PICAXE ICs PICAXE：集成电路。

### 20. PLDs and FPGAs（可编程逻辑器件和现场可编程门阵列）

无子类。

### 21. Resistors（电阻）

（1）0.6W Meltal Film：0.6 瓦金属膜电阻。

（2）10 Wat Wirewound：10 瓦线绕电阻。

（3）2 Watt Metal Film：2 瓦金属膜电阻。

（4）3Watt Wirewound：3 瓦线绕电阻。

（5）7 Watt Wirewound：7 瓦线绕电阻。

（6）Chip Resistors：晶片电阻。

（7）Chip Resistors 1/10W 0.1%：晶片电阻 1/10W 0.1%。

（8）Chip Resistors 1/10W 1%：晶片电阻 1/10W 1%。

（9）Chip Resistors 1/10W 5%：晶片电阻 1/10W 5%。

（10）Chip Resistors 1/16W 0.1%：晶片电阻 1/16W 0.1%。

（11）Chip Resistors 1/16W 1%：晶片电阻 1/16W 1%。

（12）Chip Resistors 1/16W 5%：晶片电阻 1/16W 5%。

（13）Chip Resistors 1/2W 5%：晶片电阻 1/2W 5%。

（14）Chip Resistors 1/4W 1%：晶片电阻 1/4W 1%。

（15）Chip Resistors 1/4W 10%：晶片电阻 1/4W 10%。

（16）Chip Resistors 1/4W 5%：晶片电阻 1/4W 5%。

（17）Chip Resistors 1/8W 0.05%：晶片电阻 1/8W 0.05%。

（18）Chip Resistors 1/8W 0.1%：晶片电阻 1/8W 0.1%。

（19）Chip Resistors 1/8W 0.25%：晶片电阻 1/8W 0.25%。

（20）Chip Resistors 1/8W 0.5%：晶片电阻 1/8W 0.5%。

（21）Chip Resistors 1/8W 1%：晶片电阻 1/8W 1%。

（22）Chip Resistors 1/8W 5%：晶片电阻 1/8W 5%。

（23）Chip Resistors 1W 5%：晶片电阻 1W 5%。

（24）Chip Resistors anti-surge 5%：晶片电阻防喘振控制 5%。

（25）Generic：普通电阻。

（26）High Voltage：高压电阻。

（27）NTC：负温度系数热敏电阻。

（28）Resistors Network：电阻网络。

（29）Resistors Packs：排阻。

（30）Variable：滑动变阻器。

（31）Varisitors：可变电阻。

## 22．Simulator Primitives（仿真源）

Flip-Flops Gates Sources 触发器、门电路、电源。

## 23．Speakers and Sounders（扬声器和声响）

无子类。

## 24．Switches and Relays（开关和继电器）

Keypads Relays（Generic）Ralays（Specific）Switches：键盘、普通继电器、专用继电器、开关。

## 25．Switching Devices（开关器件）

DIACs Generic SCRs TRIACs：两端交流开关、普通开关、可控硅、三端双向可控硅。

## 26．Thermionic Valves（热离子真空管）

Diodes Pentodes Tetrodes Triodes：二极管、五级真空管、四极管、三极管。

## 27．Transducers（传感器）

Humidity/Temperature Light Dependent Resistor（LDR）　Pressure Temperature：湿度/温度传感器、光敏电阻、压力传感器、温度传感器。

## 28．Transistors（晶体管）

（1）Bipolar：双极型晶体管。

（2）Generic：普通晶体管。

（3）IGBT：绝缘栅双极晶体管。

（4）JFET：结型场效应管。

（5）MOSFET：金属氧化物场效应管。

（6）RF Power LDMOS：射频功率 LDMOS 管。

（7）RF Power VDMOS：射频功率 VDMOS 管。

（8）Unijunction：单结晶体管。

## 29．TTL 74 Series（标准 TTL 74 系列）

（1）Adders：加法器。

（2）Buffers&Drivers：缓冲和驱动器。

（3）Comparators：比较器。

（4）Counters：计数器。

（5）Decoders：译码器。

（6）Encoders：编码器。

（7）Flip-Flops&Latches：触发器和锁存器。

（8）Gates&Inverters：门电路和反向器。

（9）Misc.Logic：混杂逻辑电路。

（10）Multiplexers：数据选择器。

（11）Multivibrators：多谐振荡器。

（12）Registers：寄存器。

## 30．TTL 74ALS Series（先进的低功耗肖特基 TTL 系列）

（1）Buffers&Drivers：缓冲和驱动器。

（2）Comparators：比较器。

（3）Counters：计数器。

（4）Decoders：译码器。

（5）Flip-Flops&Latches：触发器和锁存器。

（6）Gates&Inverters：门电路和反向器。

（7）Misc.Logic：混杂逻辑电路。

（8）Multiplexers：数据选择器。

（9）Registers：寄存器。

（10）Transceivers：收发器。

## 31．TTL 74AS Series（先进的肖特基 TTL 系列）

（1）Buffers&Drivers：缓冲和驱动器。

（2）Counters：计数器。

（3）Decoders：译码器。

（4）Flip-Flops&Latches：触发器和锁存器。

（5）Gates&Inverters：门电路和反向器。

（6）Misc.Logic：混杂逻辑电路。

（7）Multiplexers：数据选择器。

（8）Registers：寄存器。

（9）Transceivers：收发器。

## 32. TTL 74F Series（快速 TTL 系列）

（1）Adders：加法器。

（2）Buffers&Drivers：缓冲和驱动器。

（3）Comparators：比较器。

（4）Counters：计数器。

（5）Decoders：译码器。

（6）Flip-Flops&Latches：触发器和锁存器。

（7）Gates&Inverters：门电路和反向器。

（8）Multiplexers：数据选择器。

（9）Registers：寄存器。

（10）Transceivers：收发器。

## 33. TTL 74HC Series（高速 CMOS 系列）

（1）Adders：加法器。

（2）Buffers&Drivers：缓冲和驱动器。

（3）Comparators：比较器。

（4）Counters：计数器。

（5）Decoders：译码器。

（6）Encoders：编码器。

（7）Flip-Flops&Latches：触发器和锁存器。

（8）Gates&Inverters：门电路和反向器。

（9）Misc.Logic：混杂逻辑电路。

（10）Multiplexers：数据选择器。

（11）Multivibrators：多谐振荡器。

（12）Phase-Locked-Loops（PLLs）：锁相环。

（13）Registers：寄存器。

（14）Signal Switches：信号开关。

（15）Transceivers：收发器。

## 34．TTL 74HCT Series（与 TTL 兼容的高速 CMOS 系列）

无子类。

## 35．TL 74LS Series（低功耗肖特基 TTL 系列）

（1）Adders：加法器。

（2）Buffers&Drivers：缓冲和驱动器。

（3）Comparators：比较器。

（4）Counters：计数器。

（5）Decoders：译码器。

（6）Encoders：编码器。

（7）Flip-Flops&Latches：触发器和锁存器。

（8）Frequency Dividers&Timers：分频和定时器。

（9）Gates&Inverters：门电路和反向器。

（10）Misc.Logic：混杂逻辑电路。

（11）Multiplexers：数据选择器。

（12）Multivibrators：多谐振荡器。

（13）Oscillators：振荡器。

（14）Registers：寄存器。

（15）Transceivers：收发器。

## 36．TTL 74S Series（肖特基 TTL 系列）

（1）Adders：加法器。

（2）Buffers&Drivers：缓冲和驱动器。

（3）Comparators：比较器。

（4）Counters 计数器。

（5）Decoders：译码器。

（6）Flip-Flops&Latches：触发器和锁存器。

（7）Gates&Inverters：门电路和反向器。

（8）Misc.Logic：混杂逻辑电路。

（9）Multiplexers：数据选择器。

（10）Oscillators：振荡器。

（11）Registers：寄存器。

# 参 考 文 献

[1] 陈永甫. 常用半导体器件及模拟电路[M]. 北京：人民邮电出版社，2006.

[2] 朱国兴. 电子技能与训练[M]. 北京：高等教育出版社，2000.

[3] 付植桐. 电子技术（第5版）[M]. 北京：高等教育出版社，2016.

[4] 朱清慧，张凤蕊，等. Proteus教程（第3版）——电子线路设计、制版与仿真[M]. 北京：
清华大学出版社，2016.

[5] 张华. 电子实训教程[M]. 武汉：武汉理工大学出版社，2009.

[6] 张永枫，熊保辉. 电子技能实训教程[M]. 北京：清华大学出版社，2009.

[7] 徐旻. 电子技术及技能训练（第2版）[M]. 北京：电子工业出版社，2011.

[8] 邓皓，肖前军，等. 电子产品调试与检测[M]. 北京：高等教育出版社，2013.

[9] 韩雪涛，韩广兴，等. 电子产品装配技术与技能实训（修订版）[M]. 北京：电子工业出
版社，2012.

[10] 郭永贞. 电子实习教程[M]. 北京：机械工业出版社，2001.

[11] 王雅芳. 电子产品工艺与装配技能实训[M]. 北京：机械工业出版社，2016.

# 反侵权盗版声明

电子工业出版社依法对本作品享有专有出版权。任何未经权利人书面许可，复制、销售或通过信息网络传播本作品的行为；歪曲、篡改、剽窃本作品的行为，均违反《中华人民共和国著作权法》，其行为人应承担相应的民事责任和行政责任，构成犯罪的，将被依法追究刑事责任。

为了维护市场秩序，保护权利人的合法权益，我社将依法查处和打击侵权盗版的单位和个人。欢迎社会各界人士积极举报侵权盗版行为，本社将奖励举报有功人员，并保证举报人的信息不被泄露。

举报电话：（010）88254396；（010）88258888

传　　真：（010）88254397

E-mail：　dbqq@phei.com.cn

通信地址：北京市万寿路 173 信箱

　　　　　电子工业出版社总编办公室

邮　　编：100036